世紀文庫
科普 001

生活無處不科學

潘震澤　著

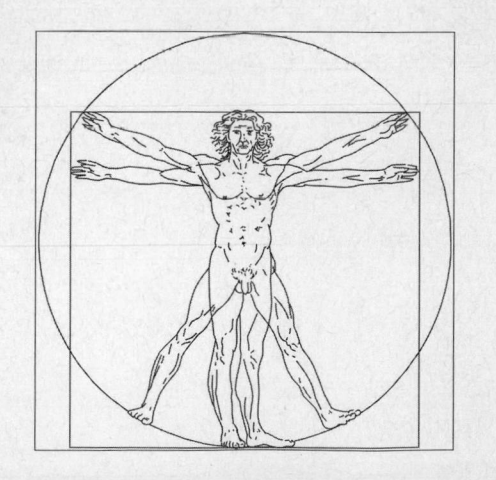

生活無處不科學

「科學」這個名詞在現代中文裡具有相當的分量，經常與「人文」、「藝術」、「宗教」等名詞相提並論；再者，科學又與技術息息相關，並稱「科技」。現代生活裡的一切便利，都與科技脫不了關係，因此，科學有如新興宗教一般，受到世人的敬畏與崇拜。然而，科技發展同時帶來許多惡果，好比環境污染、全球暖化、大規模毀滅性武器等，因此，科學也遭到許多人的不滿與唾棄。

按「科學」一詞，是英文 "science" 的中譯，曾一度音譯為「賽因斯」，也就是民初五四運動所推崇的「賽先生」。事實上，「科學」這個詞是 19 世紀末借自日本的翻譯，並非中文所固有；因此，對國人而言，無論從名詞到概念，科學都是舶來品。科學所代表的意涵，常因人而異；任何人都可能賦予這個名詞不同的定義及概念，而不見得與原意相符。譬如國人自中學起修習生物、物理、化學等自然科學課程，卻不一定知道什麼是科學，總覺得科學是其他可望不可及的學問；這一點，與西方

國家的中學生經常把科學掛在嘴邊，相當不同。

根據英文辭典的定義，科學就是知識的現況 (state of knowledge)，特指有系統的知識 (systematic knowledge)，也狹指研究物質世界的學問，特別是以發掘問題、收集資料、驗證假說等方法所建立的學問；後者則稱為「科學方法」。因此，根據廣義的說法，科學應該是受過教育者的一般素養，而不是某些人專屬的學問；在日常生活中，科學可以是「無所不在，處處都在」的。然而，科學與生活的脫節，在國內卻是常態。

知識的起源，來自人的好奇心，人腦也具有為萬事萬物尋求解釋的傾向，但以科學方法作為探究問題之道，並非人的良知良能。尤其是當少數人經由發展出嚴密的數理邏輯，以及愈形精巧靈敏的方法儀器，所得出的大自然運作之道，大多數都超出人的想像（例如物質由肉眼不可見的粒子構成，生物體則由細胞組成）；甚至許多發現及解釋，還與人的直覺相悖（好比地球是圓的，並以高速自轉）。因此，科學似乎成了少數人的禁臠，而與一般人漸行漸遠；我們常寧可相信許多一廂情願的想法（譬如打著傳統旗幟的醫療之道），也不願意接受較為科學的說法。

除了科學的發現不是那麼容易了解外，科學還背負了好幾項罪名，更加深了與一般人的隔閡；這些罪名包

括：科學剝奪了我們的熱情及感性、摧毀了許多人對造物主的信仰，以及改變生態環境，甚至威脅地球的存續等在內。對於後一項指控，可說是「匹夫無罪，懷璧其罪」。科學本身是中立的，科學的應用是善是惡，還在人的手上；人性的自私與貪婪，常是人為災難的罪魁禍首，不宜也不應將過錯推給無意識能力的科學身上。

　　至於頭一項指控，也不盡讓人同意。究竟是科學造就了理性，還是理性造就了科學，並不容易釐清，兩者應該是相輔相成的。科學家或許受天生性向及後天訓練所影響，理性重於感性，但那並不代表他們就此失去了對美好事物的欣賞能力。科學家一樣是人，也受七情六慾的控制；科學家裡愛好文學、音樂及藝術的，比比皆是。許多古怪科學家的形象，其實是小說家筆下及好萊塢電影的產物，與事實頗有距離。

　　談到科學與信仰，是更敏感的話題；其實，科學與信仰分屬性質完全不同的領域：科學重實證，信仰則靠信心。兩者本可互不干擾、和平共存，只不過制度化信仰（宗教）宰制了西方社會長達一千多年，不只提供了心靈的慰藉，同時還對許多自然現象提出專制的解釋，也因此與科學造成對立。自16、17世紀哥白尼、伽利略以降，科學已逐步取回對物質世界的解釋權；在此啟蒙過程中，人雖然贏得了心靈的自由，卻也失去了將一切

交付給全能造物主的心安，得失互見。如何讓「凱撒的，歸凱撒；天主的，歸天主。」仍不斷考驗人的智慧。

＊　　　　＊　　　　＊

這本小書，基本上延續了前一本著作《科學讀書人》的精神：從生理學的角度來看許多與人體相關的問題。其中一半以上（24 篇）發表在《中央日報》副刊的「書海六品」專欄，另有 8 篇發表在國科會《科學發展》月刊的「科學新知」專欄，其餘 10 篇則散見《科學月刊》、《科學人》、《中國時報》、《聯合報》等報刊。

由於個人的興趣及所學，本書的內容仍以生理及醫學問題佔最大宗，好比呼吸、進食、飲水、睡眠、嗅覺、生物時鐘、體重控制、糖尿病、內分泌、藥物濫用、安慰劑、包皮手術等主題，就佔了一半以上的篇幅。其實，這些都是曾經困擾個人的問題，如今將一得之愚寫出，算是盡些野人獻曝之忱，但願對有相同困惑的人有所幫助。

同時，也由於個人從小對歷史的愛好，我對生物醫學的發展過程以及參與人物，一向充滿興趣；除了研讀科學發現的正式論文之外，我更喜歡閱讀科學家的自傳與傳記，追溯前輩及當代科學家的心路歷程，以及重要科學發現背後錯綜複雜的互動關係。本書有關盤尼西林、

雙螺旋、瘦身素、嗅覺受體等發現的故事，就是由此累積的一點心得報告。

　　報導科學發現的文章不容易討好，通常是文字少了點趣味及內容缺了些人味，讀起來嫌枯燥及疏遠；如何在不失真的前提下，還能兼顧二味，是對作者的要求。因此，個人覺得科學散文的創作，比起具有制式規格的科學論文寫作來，更具有挑戰性，完成後也更有成就感；至於成功與否，還有待讀者的回饋。

　　這些文章能夠問世，要感謝許多人：中副的林黛嫚主編及王盛弘編輯是主要的推手，讓我有個盡情發揮的場地；好友道還及涌泉的相互打氣，是支持我繼續寫作的動力。更要感謝的是多年來讓我無後顧之憂的內子，給了我充分自由做我喜歡做的事，謹將這本小書呈獻給她。

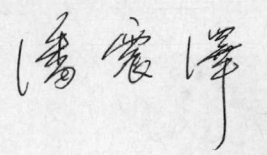

2005.4.21. 於北美密西根州特洛伊市

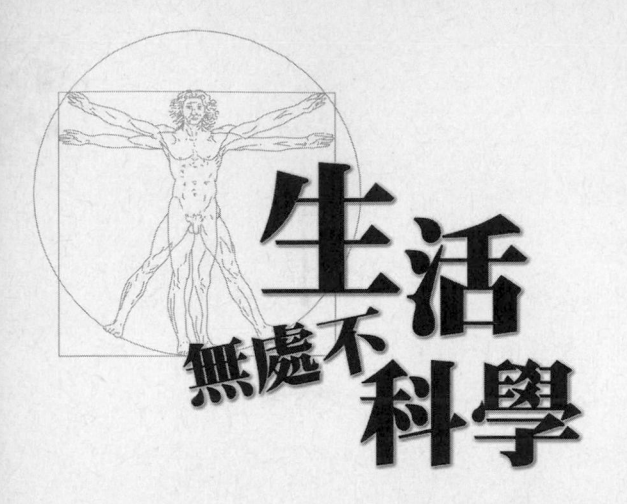

生活無處不科學

目 次

生理
常識

氣

　　人要活著，非得從體外取得能量與必須物質，也就是要吃吃喝喝。假如沒有食物，但飲水無缺，一般體重的人可撐上一個半月左右，胖的人還能維持更久，甚至有長達一年的紀錄。要是沒有水喝，人就活不過幾天，因為人體體重 60% 是水；同時，身體無時無刻都有水分的流失。不過，人體仰賴最深的卻是空氣；確切地說，是空氣裡的氧。人腦如果缺氧超過幾分鐘，神經細胞就會死亡，而造成昏迷；就算及時搶救，也可能醒不過來，變成植物人。

　　由於呼吸對於生命的重要，加上古人並不曉得吸入體內的空氣，到底作用何在，以至於「氣」被賦予了許多神祕的色彩，不單成了生命的象徵，還有許多的延伸與想像。除了口鼻吸吐之氣外，國人一向認為體內另有一股氣存在。譬如孟子曰：「我善養吾浩然之氣。」凡是人的氣質、脾氣、氣度、志氣等，都可與氣扯上關係，不單可以調養，還可以鍛鍊。而西元前 300 年，羅馬帝國亞歷山卓學派的醫生，也認為氣由呼吸帶入肺後，會

傳至心，成為具有生命之氣，再由動脈輸送全身。甚至生命之氣在進入大腦之後，還會轉變成另一種形式，稱為靈氣。這一點，又與國人強調的精、氣、神三位一體，有所雷同。

時至今日，由解剖與生理學的進展，我們早已知道，將空氣吸入肺臟，主要是為了氣體的交換：空氣中的氧經由擴散進入肺泡外圍的微血管，由其中的紅血球攜帶傳送全身細胞；同時，微血管裡的二氧化碳，則由擴散進入肺泡，隨呼氣排出體外。氧是所有細胞代謝產生能量所必須，二氧化碳則是過程中的副產品；沒有足夠的氧，細胞就無法存活，二氧化碳不排出體外，則會造成體內酸中毒，一樣活不下來。

猶記得中學時剛學到呼吸作用這一節，我就不免擔心：自己剛吐出的一口「不新鮮」空氣，馬上又被吸入體內，如何是好？尤其在擠滿了人的教室或車廂等密閉空間裡，更是不敢放心呼吸。我發現，同我有類似顧慮的人還不算少；許多人在室內或搭車一定要開窗，再冷的天，也要留一條讓空氣流通的縫。這麼做，真有必要嗎？

多數人生活在接近一大氣壓的大氣環境，其中氧佔了 20%。如以吸入空氣的氧分壓（160 毫米汞柱）當作 100%，人呼氣當中的氧其實還有 73%，下降程度及總量與廣大的空氣相比，可是微乎其微，根本不造成影響，

所以我的擔心是多餘的。再者，人體紅血球裡的血紅素對於氧有極強的結合能力，就算氧分壓降至一般大氣的30%，血紅素與氧結合的飽和度還超過80%（這也是人還能生活在高山上的理由）。由於人一分鐘的耗氧量約250毫升，因此，就算小至三公尺見方的密閉房間，裡頭空氣的氧也足以讓一個人活上一天半的時間（在此忽略二氧化碳的因素）；況且，少有房間是完全密不通風的。

然而，有人做過實驗，將受試者關在上述狹窄密閉空間，結果不出半天，受試者就感到氣悶不舒服，好似缺氧一般。從室外通進一條管子，讓受試者呼吸「新鮮」空氣，甚至純氧，也未見效，所以不是空氣品質的問題。真正的問題出在受試者本身熱量及水分的散失（從呼氣及體表），造成狹窄密閉空間的溫度及溼度逐漸升高，到接近體溫及飽和值時，身體的繼續散熱就發生困難，而造成不適。只要降低房間的溫度及溼度，無需引進新鮮空氣，受試者就會感覺舒服。這一點，對於生活在炎熱潮溼氣候的國人來說，當不陌生；冷氣機的作用，也就在此。

對生理學家來說，吸進肺裡的一口氣，除了其中少量的氧及二氧化碳有所交換外，又都吐了出去，那麼練習氣功吐納之人所說的「氣沉丹田」，又是怎麼回事？人體內臟的活動，大多數不受我們意識的控制，而呼吸是

個例外。我們不但可以控制橫膈肌的收縮及放鬆，造成吸氣與吐氣，甚至還可以長時間將橫膈維持收縮不放，或緩慢放鬆。橫膈原是鐘形，分隔胸腔與腹腔；收縮時呈扁平狀，將腹腔往下壓縮，感覺上就在下腹部形成了一股氣，而不是真有空氣進到了小腹。至於武俠小說裡描寫的丹田之氣在體內遊走大小周天，就更是想像而非事實了。

練習控制橫膈肌進行腹式（深）呼吸，是學唱歌、舞蹈及各種運動的基本功，對一般人而言，也是隨時隨地可以進行的運動。我們平常的呼吸，其實並不需要意識的控制，因為腦幹有週期性放電的神經，造成吸氣，肺臟也有對拉扯敏感的接受器作負迴饋，造成呼氣。但我們的呼吸道有一大段管道並不能進行氣體交換，稱為死腔；吸氣時最先吸進肺泡的一口氣，以及呼氣結束時，留在管道中的氣，就屬於死腔的氣。人緊張時呼吸快且淺，就只有死腔的氣體進出肺臟，於是得不到充分的換氣；反之，慢且深的腹式呼吸，才能達到充分換氣的目的。再者，深呼吸刺激了肺泡的牽張受器，造成副交感神經的興奮，那更是降低緊張、促進放鬆的系統。

因此，深呼吸的好處多多，這也是養氣之道，健身之本，而無須訴諸玄妙的氣功。

（2004/02/04〈中副・書海六品〉）

生命之液

　　美國航太總署發射無人探測器，成功登陸火星的新聞，曾引起不少評論及報導；此外，還有人重提再度登陸月球之旅，以賡續三十幾年前即已終止的阿波羅登月計畫。無論是探測火星還是登陸月球，其中經常浮現的一椿話題就是：火星及月球上到底有沒有水？

　　地球號稱「藍色星球」，主要是因為地表有 70% 以上都由海洋所覆蓋，在太空中看來，就像一顆藍色的球。有水代表可能就有生命，因為地球上最早期的生命，可能出現於太古沸騰的海洋濃湯當中。就算火星與月球的環境未能孕育出具有生長及繁殖能力的生命體，只要有水，也就能提供前往探測、甚至居留的人類所需；如若不然，所有用水都得用太空船運送，可是不切實際的做法。

　　水對於人體的重要性，大概無人不知；人要是沒有水喝，可活不過幾天。但人體為什麼需要水，以及水在人體內的分布、作用與調節等問題，就屬生理學家最清楚：人體體重將近 60% 都是水；不單細胞質的主成分是

水，所有的細胞也都浸置在「內在的海洋」（細胞外液）當中。此外，無論食物的消化吸收（消化道一天處理高達 7 公升的液體）、養分運送（人有 3 公升的血漿），以及廢物排泄（人一天平均排出 1.8 公升的尿液）等，在在都需要水。因此，水是僅次於空氣的維生必需品。

古早的人喝的都是天然的泉水、井水、湖水、河水或雨水，最多用砂石過濾，或以明礬沉澱，以除去大顆粒的雜質。在曉得水中可能有肉眼看不見的病原菌存在之前，中國人習慣喝煮沸的水，歐洲人以酒代水，都是經驗下的產物。而生活在開發國家的現代人，自來水的衛生基本上已無問題，然而卻跑出販賣各式各樣淨水裝置的生意人，利用人不怕一萬、只怕萬一的心理，打著似是而非的理論賺錢。2004 年 2 月號《科學人》有篇文章〈誰給我們健康的水？〉，對此現象介紹得鉅細靡遺，讓人嘆為觀止；像蒸餾水對肝臟是負擔、礦泉水中的礦物質不易吸收、洗臉水可做能量活化處理等，稍有點常識者，都曉得是瞎說。也不禁讓筆者想起十多年前剛回國任教並建立實驗室時，有人告知：「國內的水質不佳，拿來配溶液會做不出實驗。」結果我拿經逆滲透過濾的水做實驗，一點問題也沒有，證明那是胡說。

至於水的特性，當然是化學家最清楚。著名的英國化學家艾特金斯 (P. W. Atkins) 曾寫過一篇文章〈水之愉

悅〉(The Joy of Water)，指出水分子在簡單的構造下，擁有的複雜面。大家都曉得水可以固、液、氣三種型態存在，主要是因為水分子夠小，僅由一個氧及兩個氫原子構成，故能漂浮於大氣之中；同時水分子帶有極性（氧原子端帶負電、氫原子端帶正電），彼此可相互吸引，因此常溫下聚集形成液態，低溫下則可凝成固態。也由於水分子的體積小及帶有極性，而成為最佳溶劑及化學反應場所，也提供了生命的起源及演化之所。由此可見，水之為用大矣。

另外，一般人常會問：一天該喝多少水、什麼時間喝、水溫應該如何等問題；其實，真正的生理學家對這些問題是沒有標準答案的，只有江湖郎中才會言之鑿鑿。人一天從皮膚、呼氣、尿液及糞便當中，排出約 2.5 公升的水，然而喝進的液體僅需 1.2 公升左右，其餘的 1 公升從食物中取得，0.3 公升由體內代謝產生。因此，不同的氣候環境（炎熱潮溼或乾燥寒冷）、生活型態（靜態或勞動）、飲食內容（清淡或重鹹）等，都會影響每日所需的飲水量，不能一概而論。

此外，人體對於細胞外液的滲透度有嚴密的調節機制，太濃了，就會感到口渴並減少排尿；太稀了，就會增加排尿量，把多餘的水分排出。坊間流行一天喝八杯水的說法，只能當成參考，不必過於拘泥。這又不禁讓

我想起國內腎臟生理專家楊志剛教授的趣言:「水喝多了可是會造成水中毒的。」身體短時間內引進大量水分,可是會稀釋細胞外液的鈉濃度,並造成細胞腫脹;這對密閉空間內的腦細胞來說,特別不利。所以,任何東西過猶不及都不是好事,水也一樣。至於不能喝冰水、飯後睡前不宜喝水,其實都沒有什麼科學根據。

那什麼是健康的水?我認為只要生菌數及已知可影響健康的物質(重金屬、農藥、三鹵甲烷、揮發性有機物等)濃度都低於標準值,就是可用的飲用水。煮沸、蒸餾、過濾、滲透等都是保證飲水安全的做法,其餘號稱「科學」的淨水或活化水方法,則聽聽可也,不必當真。

(2004/06/09〈中副・書海六品〉)

民以食為天

對於肉眼不可見之事，人總免不了心生幻想，同時還帶有許多一廂情願的遐思；有關進食、消化、代謝，以及生長等身體活動，也不例外。雖說沒有人能不靠進食而存活，人從小到大的生長現象，也是再真實不過的事，但這一切自然發生的活動，還是不免讓人感到有些匪夷所思，理由就是：沒有人真正看見過食物消化、吸收及利用的過程。儘管現代人大概都知道，你每天多吃的一塊肉、一碗飯、一塊甜點或一包零嘴，到頭來就會讓腰圍增加一圈，但只要美食當前，多數人還是難以抗拒誘惑。

人體生理學的分支當中，消化生理屬於起步最早的一支。再怎麼說，食物從口腔吞入，經過食道、胃、小腸、大腸等管道將其中的「營養成分」消化吸收，剩下的「廢物」（糞便）再由肛門排出，所經過的整條通路都還屬於與外界相通的「體外」，並沒有進入真正的「體內」，研究起來也相對簡單許多。18世紀的法國博物學家雷慕耳（Rene Reaumur）將食物置於中空的金屬管內，兩頭以

網柵覆蓋，讓鳶吞入；過一陣子，鳶會將不能消化的管子吐出，但管內的食物已遭胃部的分泌液給分解，顯示胃液具有消化之功。雷慕耳還進一步以石蕊試紙證明胃液帶有酸性。

接下來，19 世紀中的美國軍醫波芒特 (William Beaumont) 在一位腹部受槍傷、傷癒後胃在腹壁留下個開口的士兵身上，直接觀察了胃對各種食物的消化作用。然後是 19 世紀末，利用 X 光進行的胃腸顯影技術與胃腸內視鏡的發明，以及俄國生理學家帕夫洛夫 (Ivan Pavlov) 解開了中樞神經系統在消化生理所扮演的角色。因此，早在 20 世紀初，我們對消化生理就已經有相當的了解，只不過由消化生理衍生而出的營養學，就不是那麼的「科學」了，其中有許多猜測的成分在；理由在於人類的營養實驗不易進行，變數甚多，因此也多有一廂情願的想像空間。

就拿食物當中營養成分的確定來說，那可是化學定性以及定量法逐漸成熟以後的事，不是光憑想像可以得知。1930 年代，英國的麥坎斯 (Robert McCance) 及威竇森 (Elsie Widdowson) 進行了上萬次測定，才得出各種食物裡水分、蛋白質、脂肪、碳水化合物及八種礦物質的含量，因而奠定了現代營養學的基石。他倆以及其他幾位研究者，更以自身進行長期缺少鹽及各種維生素的飲食實驗，

從而建立了這些物質的缺乏程度與病變之間的關聯。然而，類似的營養學研究，還是以動物實驗為主，不單實驗對象個體差異小，食物的內容也可以嚴密控制，甚至到極端的程度，這點在人身上，就不容易辦到。不論是回溯式或前瞻性實驗，都有各式各樣的變數需要考慮及排除，因此結果也難得毫無爭議。

一般說來，人類嗜食的食物，脫離不了味道香甜鮮美，以及口感嫩滑脆韌，當然，還要有適度的鹹味；至於喜歡辣、酸甚至苦的味道，則是習慣後的產物。這一點，從不同家庭的飲食習慣就可看出。總的來說，生活在不同地區的人會有不同的飲食內容及烹調方式，受到該地區天然環境及資源的限制，多過對營養需求的考量。因此，某些傳統的吃食，好比醃漬燻烤或是高脂重鹽的料理方式，不見得對人體有益，如果日復一日地食用，難免對身體健康帶來不良後果。再者，由於人類社會與時空的變遷，物資供應由貧乏轉為豐饒，若仍堅持某些傳統的飲食習慣，好比便當白飯上一貫淋上一匙豬油肉燥等，就害多於益了。

美國哈佛大學公衛學院的魏勒特 (Walter Willet) 及史丹普佛 (Meir Stampfer)，針對 1992 年美國農業部提出的美國人民飲食指南 (所謂的飲食金字塔)，提出修正建議。其中最主要的兩點，是「脂肪不全是有害健康的」以及

「碳水化合物不全是有益健康的」。由於美國人嗜食含脂量高的牛排漢堡等紅肉，以及培根、蛋、牛油、蛋糕、乳製品等高脂高膽固醇食物，因此，多年來心血管及腦中風疾病高居死亡原因的首位（臺灣也步上後塵），也才有「少吃脂肪」的建議，甚至有人連蔬菜也多用水煮，剝奪許多飲食的樂趣。

然而，脂肪是人體重要組成之一，不可或缺；許多食物要好吃，也少不了油脂的成分。科學家很早就已知道，油脂並非全是壞東西，除了牛油紅肉裡的飽和脂肪酸及人造奶油的反式脂肪酸的確對身體不好外，富含不飽和脂肪酸的魚油及植物油對心血管系統反而有好處。這一點對國人可說是利多，因為中式炒菜用的都是植物油，只要溫度不要太高，存放時間沒有太長，同時不重複使用，應該是利多於弊的；對於愛吃生菜沙拉者，淋點橄欖油在上頭，也少了罪惡感。還有臺灣四面環海，養殖業又發達，多吃魚更是不成問題。

至於碳水化合物的問題，就沒有那麼單純。白米白麵一類的精製碳水化合物去除了胚芽及纖維素，的確相當可惜，只要有更多人體認這一點，進而食用胚芽米及全麥麵包，或可扭轉商人的行銷策略。只不過醣類是植物主要儲存能源的方式，也是人類的主食（也就是主要的能源），無所謂好壞，只有附加價值的多寡。血糖濃度

是重要的生理指標，也是維生所必須。現代人多高血糖的毛病，主因是肥胖及少動，干擾了身體調節血糖的機制，這一點，單靠少吃精製醣類是沒有用的；再說，胚芽米及全麥裡所含的醣類可是一點也沒有減少。

　　除了一般飲食外，人們對於當地所缺、取得困難的食品所具有的功效，有股特別的迷思，好比說長白山上的人蔘、天山的雪蓮或靈芝，以及深海的魚油等。時至如今，高麗、花旗蔘不再一蔘難求，靈芝也可於實驗室培養，人們對這些東西也就不像之前那樣重視，轉而追求其他更少見、或聽起來更神奇的食品。這種不重平日保養，只求救命仙丹的心態，可是自古皆然。

　　儘管飲食指南不斷推陳出新，古老的智慧：「多樣、均衡以及節制」仍是最佳指南；獨沽一味的偏頗或暴飲暴食的放縱，到頭來受害的仍是自身。

（2003 年 2 月號《科學人》）

吃飯皇帝大

2003 年國內出現超級胖子就醫的新聞，轟動一時，也讓國內的肥胖問題浮上檯面。據報導，國內的成年人每三人當中就有一人體重過重；同時，胖子的年齡層也越來越往下降，未來的情況只會更形惡化。

其實，肥胖本身不算病，但伴隨肥胖而來的糖尿病、高血壓等慢性病，才是健康的殺手。再來，現代人的審美觀崇尚苗條，因此，媒體裡充斥著各式各樣打著減肥瘦身名目的商業活動，也掏空不少人的荷包。但一般人有所不知，體重是一項生理指標，如果我們不去了解一些控制體重的生理機制，而強行以精神講話、斯巴達式的運動及節食，甚或使用藥物，就想達成減肥的目的，則通常只有短暫的效果，甚至還可能賠上健康。

體重過重的問題，自古有之，於今為烈，究其緣由，不外乎現代人飲食無缺，體力活動又少，日積月累下來，腰圍難免逐漸增寬。問題是：我們要如何定義什麼樣的體重是過輕、合宜、過重，甚至是病態的肥胖呢？ 19 世紀比利時的天文學家及社會統計學家奎特雷 (Adolphe

Quetelet, 1796-1874) 測量並記錄了五千多名蘇格蘭軍人及十萬名法國人伍士兵的胸圍身高，得出所謂「一般人」的身體資料。他發現體重與身高的平方之間成一定比值，那也成了目前「身體質量指數」(body mass index, BMI) 的根據。BMI 值由體重（公斤）除以身高（公尺）的平方而得，超過 25 則屬過重，超過 30 就成了肥胖。以身高一點七公尺的人來說，過重與肥胖的底限分別是 72.3 及 86.7 公斤。

　　如同前述體重糾察隊的想法，歷來就有人認為身材過胖人士不是意志不堅、個性懶怠，就是精神有病、欲求不滿，因此有許多斯巴達式以及心理治療的減肥計畫出現，不過成效大都不彰。雖然後續研究發現，體型肥胖與正常的人士相比，其精神狀態與身體代謝並沒有什麼顯著不同，但讓人難以解釋的是：有人不特別節制飲食，卻可以常保標準體重，有人隨時注意，但體重卻不斷升高；人體對於自身的重量，似乎有某種內在的控制。

　　早期動物實驗顯示，經由強迫餵食多出一倍正常食量、導致體重增加 50% 的老鼠，在恢復自由進食後，牠們會自動降低食物的攝取量，直到體重恢復正常為止。反之，限制每日食物的供應量在正常值一半的老鼠，體重則會下降；但恢復自由進食後，老鼠又會迅速增加進食量，造成體重也恢復至正常值。接下來的問題是，人

體內是否也有類似的設定點存在，可將體重維持在一定的範圍內？

上述問題的答案顯然是肯定的。1968 年，美國佛蒙特大學醫學院的席姆斯 (Ethan Sims) 從監獄犯人中挑選志願者進行實驗性肥胖的研究；他讓這些人盡量食用高卡路里食物，並減少運動。一開始，這些犯人都興致高昂，許多人吃進比原來多出一倍分量的食物，體重也隨之上升。只不過這些人對於過量的飲食越來越心生抗拒；他們發現想要持續增加體重非常困難，有些人更中途退出。最後有二十位撐完了全程（兩百天），平均每人增加了十公斤體重。實驗結束後，除了兩人以外，其餘的受試者很快又將增加的重量給除去，回復了原來的體重；與之前的動物實驗幾乎如出一轍。

反過來，人對於限制飲食的反應又如何呢？早在 1950 年，美國明尼蘇達大學的流行病學家基斯 (Ancel Keys) 就從數百位申請者當中挑選了三十六位健康的受試者（平均身高 178 公分，體重 69 公斤），給予嚴格的飲食，包括白麵包、高麗菜、蘿蔔、麥片及馬鈴薯，偶爾才有少量的肉類及乳製品供應。結果只有四位具有鋼鐵般意志者熬過了越來越辛苦的六個月。這幾個人隨時抱怨身體冷，暖和的天氣也穿著毛衣及夾克，並不斷喝著熱騰騰的黑咖啡、茶及水。他們的體重持續下降，行

動變得遲緩，脾氣則陰鬱暴躁，除了食物以外對什麼事（包括性事在內）都不感興趣。事實上，他們隨時感覺到餓，成天沉溺在對食物的幻想當中，翻看食譜像看黃色書刊一般帶勁。類似的描述，在記錄大陸文革時下放勞改生活的書中（譬如阿城的《棋王》及張賢亮的《我的菩提樹》）也可讀到。

實驗結束時，這些人平均掉了四分之一的體重（脂肪減少的比例更高），看起來與納粹集中營犯人的相片極為相似。基斯給他們三個月的時間恢復，逐漸增加食物的分量，到後來有人一天吃下六到七餐高卡路里的食物；有的吃到嘔吐，還要求更多；有的已經吃撐到塞不下去，仍直喊餓。不過等到這些人恢復了體內脂肪的含量（不是全身體重），飲食也就回歸正常。

由基斯及席姆斯的實驗可以看出，人類體重似乎也受到某個「脂肪計」(lipostat) 所控制；該裝置可以偵測體脂肪的含量，而根據某個設定點來調節進食與能量消耗。如果這種說法屬實，那麼肥胖應當是這個迴饋控制環出了問題所致，希冀以單純的精神講話或斯巴達式的強制進行減肥，不能奏效也是必然的結果了。

（2003/08/27〈中副・書海六品〉）

傑克森實驗室與肥胖鼠

美國的生物醫學研究有好幾個出名的私人實驗室，紐約長島的冷泉港實驗室 (Cold Spring Harbor Laboratory) 及加州拉荷雅的沙克研究院 (Salk Institute，以發展小兒麻痺疫苗的沙克為名) 等都是；但聽過緬因州巴爾港 (Bar Harbor) 傑克森實驗室 (Jackson Laboratory) 的人，可能就少一些。這個位於緬因州沙漠山島 (Mt. Desert Island) 峭壁上頭俯視大西洋的研究機構，可是小鼠 (mouse) 研究的麥加聖地，至今已有七十多年的歷史，比起只有四十年歷史，同樣建在懸崖上俯視太平洋的沙克研究院來，要悠久得多；但比起有百年以上歷史的冷泉港來，則差上一截。

傑克森實驗室是 1929 年由遺傳學者立托爾 (Clarence C. Little, 1888-1971) 所建立的。立托爾出身哈佛，一次大戰後曾在冷泉港實驗室工作過三年；他最大的貢獻是建立了近親繁殖的純種小鼠，其中一種黑色的品種 C57BL 至今仍廣泛使用。立托爾曾於 1922 年擔任緬因大學校長（年方 32 歲，是當時美國最年輕的校長），三年後又跳槽密西根大學出任校長。雖然貴為一校之長，他仍未忘

情研究，每年夏天都會回到緬因州的巴爾港休假並做實驗。1929 年，他因治校理念與學校董事會不合，於是主動遞出辭呈，帶著七位年輕同事，回到巴爾港建立實驗室。實驗室的主要贊助人之一傑克森 (Roscoe B. Jackson)，是當時底特律汽車工業鉅子，因此立托爾就以他為實驗室的名字；至於研究方向則以癌症及免疫排斥為主。

傑克森實驗室成立後沒多久，就碰上美國股市崩盤，進入經濟大蕭條的 30 年代。為求生存，該實驗室開始販賣本身所育種及繁殖的純種小鼠，以貼補開銷；從此，傑克森實驗室除了進行研究之外，也成了全美、甚至全球各式各樣純種小鼠最重要的養殖供應中心。

1947 年，沙漠山島的一場野火，把整個實驗室化為灰燼。許多人勸立托爾將實驗室遷往其他更有規模的學術研究機構，但他執意重建，並積極募款。兩年半之後，全新、設備更好的傑克森實驗室又在原地重新開張，各種品系的小鼠從美國、加拿大及英國各地湧入，除了之前從該實驗室送出去的之外，還包括許多新的突變種。其中有兩個突變種與體重及代謝的控制有關，也是本文的另一主角。

1950 年代初某日，該實驗室的動物房管理員發現了一隻體型碩大無比的老鼠窩在角落。起初研究人員的診斷是懷孕，但在一直等不到分娩之後，才發現那是隻公

鼠。這隻老鼠的食量是正常鼠的三倍，不吃東西的時候則安靜不動；於是，研究人員將牠取名為「肥胖」(obese)，簡稱 ob 鼠。

ob 鼠由隱性的基因突變所造成，必須兩個 ob 基因都遭到突變，才表現出極度的肥胖。由於這種老鼠並不容易育種，同時，ob 鼠還有不同的突變種，造成實驗解釋的困難；所以，並沒有太多人使用 ob 鼠做研究。

1966 年，任職傑克森實驗室的生化學家寇爾曼 (Douglas Coleman) 及同事又發現了另外一種肥胖的老鼠；這種老鼠不只是肥胖，還出現糖尿病的症狀：喝多、尿多、血糖高及尿中有糖，同時對胰島素不反應。因此，他們給這種老鼠取名為「糖尿病」(diabetic)，簡稱 db 鼠。由於糖尿病是影響重大的人類疾病，因此 db 鼠的出現帶給研究人員很大的希望，尤其是對於體型肥胖、胰島素並不缺乏的第二型糖尿病。

接下來，寇爾曼進行了一項精巧的實驗，顯示造成 ob 與 db 鼠突變的原因不同但相關的一面。他所使用的實驗技巧，是以手術將兩隻老鼠的腹側皮膚及腹膜切開後再縫在一起，造成連體動物（好比連體嬰），彼此血液得以交換。他分別進行了 ob 與正常鼠、db 與正常鼠，以及 ob 與 db 鼠之間的連體，結果是：與 ob 鼠連體的正常鼠活得好好的，同時 ob 鼠的體重也有下降；與 db 鼠連

體的正常鼠變得幾乎不吃東西，以至於瘦弱而死；至於將 ob 與 db 鼠連體，則兩隻老鼠都逐漸變瘦而死去。

　　這個實驗結果顯示：ob 鼠體內似乎缺少了某種抑制食慾及體重的物質，但可從正常鼠獲得；而 db 鼠體內卻似乎擁有過多的這種物質，可作用在正常鼠及 ob 鼠，造成這些動物挨餓致死，但 db 鼠本身卻可能缺少了這種物質的受體，而無法產生作用。至於這種未知物質的來源及作用位置，有過很多猜測，最後鎖定在脂肪組織及下視丘這塊腦區。這樣的說法，與前文〈吃飯皇帝大〉中提到人類體重似乎受到某個可偵測體脂肪含量的「脂肪計」所控制，並根據某個「設定點」來調節進食與能量消耗的假說，不謀而合。寇爾曼的研究生涯後期，都花在找尋這個未知因子上，但直到 1991 年他從傑克森實驗室退休前，都未能如願。

（2003/09/17〈中副・書海六品〉）

進食中樞與飽食中樞

　　想必很多人都讀過一則寓言故事：身體裡頭的各個器官爭著做老大，說自己有多麼重要；最後作者認定的某個重要器官罷了工，導致全身停擺，別的器官才承認其重要性。寓言的教訓自然是說每個成員通通重要，缺一不可。不過西方醫學史上，在不同的時代確實有不同的人，認定過胃、心及腦等不同的器官為龍頭老大。基本上，那也與人類對身體器官認識的進展有關。

　　譬如腦的重要性雖然早為人知，但要研究包在頭顱裡頭的大腦，可是困難重重；就算將頭顱打開，肉眼所能看到的腦組織構造，也有如渾沌一片，比起位於胸腔裡的心臟來，更難以下手。再加上大腦不是個均質的組織，所掌管的功能多得難以勝數，因此 18 世紀會有顱相學 (phrenology) 的出現，以頭顱的形狀作為腦功能的指標，也不難理解。雖然 20 世紀之前已經有過許多大腦病理研究，將某些腦區與身體功能產生聯繫，然而，真正在活體生物進行腦部功能探測的實驗，還是在腦部立體定位 (stereotaxic) 的技術發展成熟以後的事。

　　所謂腦部立體定位，指的是將頭顱以好幾根金屬棒固定在一定位置，利用腦部構造在三維空間下大致固定的性質，將電極從頭骨上的鑽孔插入某個座標點，由此可針對特定腦區進行刺激、破壞或記錄。這種做法的先決條件，除了需要固定頭顱的立體定位儀外，還必須先行建立腦圖譜，提供腦中各個位置的三維座標，兩者缺一不可。再來，不同的生物還得有不同的定位儀及圖譜，不能任意混用。

　　第一臺腦立體定位儀，是由英國的侯斯利 (Victor Horsley, 1857-1916) 及克拉克 (Robert H. Clarke, 1850-1926) 於 1908 年所發明的；以他倆姓氏為名的定位儀也逐漸傳到世界各地，產生了各式各樣的變貌。曾經有人將侯／克立體定位儀的重要性，與伽利略的望遠鏡及雷文霍克的顯微鏡相比擬；只要是研究活體動物（包括人）的基礎及臨床神經學家，都知道那種說法並非過譽。

　　1930 至 40 年代，美國西北大學神經研究所的首任所長藍森 (Stephen W. Ranson, 1880-1942) 將侯／克立體定位儀引進美國，應用在下視丘及腦幹控制各種身體功能的研究，得出豐富的成果。1940 及 41 年，藍森和他之前的學生布羅貝克 (John R. Brobeck, 1914-) 先後發現：將電極放在下視丘的腹內側核 (VMH) 位置進行破壞，動物還沒從麻醉中完全醒來，就開始拼命大吃，體重也直線

上揚；有的老鼠在手術後十八個小時內就增加了二十幾公克的重量（佔體重 1/10 左右），顯然都是由吃進胃腸道的食物所造成。因此，VMH 就成了腦中出名的「飽食中樞」(satiety center)；如果 VMH 遭到破壞，生物也就不曉得飽是何物。1951 年，布羅貝克與同事又進一步發現，如果以電極破壞了側下視丘 (LH) 的位置，動物則完全失去食慾，有的甚至逐漸消瘦至死。因此，LH 也就成了引起食慾的「進食中樞」(feeding center)。

藍森及布羅貝克的實驗，為食慾的神經控制理論奠定了基礎，也引起了許多後續的研究。很顯然，VMH 接收了周邊傳來的某種飽食訊息，讓生物感覺自己吃飽了，同時抑制了進食中樞的活化。至於這個飽食訊息是什麼，有過許多猜測及研究，其中包括胃腸道分泌的因子、血中的葡萄糖濃度以及血液溫度不等。雖然這些因素都可以短暫影響進食，但都不是控制食慾的充要因子；也就是說，這些因子的改變不是引起飽足感的充分且必要條件。

布羅貝克與臺灣的生理學界頗有淵源，他自 1952 年起即擔任美國賓州大學生理系主任，直到 1970 年才卸任，陽明醫學院的首任校長韓偉 (1928-1984) 就是他的學生（1961 年賓大博士）。同時，布羅貝克曾於 1962 年利用教授休假年，全家來臺在國防醫學院的生理學科待

了九個月。在他的影響下，國防的生理學科也進行過一些這方面的研究；布羅貝克為《蒙凱叟氏醫用生理學》(*Moncastle's Medical Physiology,* 1980) 一書所撰寫的章節中，還引用了國防生理的楊志剛及柳安昌發表在《中國生理學雜誌》（1965 年第 19 卷）文章中的一個表。該篇以〈過度攝食、胰島素及肥胖〉為題的文章指出，破壞 VMH 造成的肥胖鼠，除了體重增加外，體脂肪含量是正常鼠的兩倍以上。至於切除部分胰臟，造成糖尿病的老鼠，進食量也有增加，但體重卻顯著下降，體脂肪量也幾乎完全消失，顯示身體不能利用及儲存能量；進一步破壞這些老鼠的 VMH，並沒有顯著影響，只有在補充胰島素、造成這些糖尿病鼠的體重及體脂肪含量回升後，才又出現破壞 VMH 的作用，也就是嗜食及變胖。

這些結果顯示：破壞 VMH 造成的肥胖鼠，與遺傳突變造成的肥胖 (ob) 鼠出奇地相似；同時，脂肪量及進食也與胰島素的關係密切：少了胰島素，吃入體內的能量不能利用，也就不能形成脂肪，食慾則隨之增加。

無論肥胖及糖尿病 (ob/db) 鼠的發現及破壞 VMH/LH 的實驗，都已是四十到六十年前的事了；只不過半世紀來的懸疑與猜測，一直要到 1994 年，科學家從脂肪細胞分離出瘦身素的基因之後，才得到解答。

（2003/10/08〈中副・書海六品〉）

小時胖不是胖?

　　人是最難研究的生物。這不只是因為以人為實驗對象有倫理的考量與顧慮,同時,也由於人類體質與生活習慣的多樣化,使得完全控制下的對照組實驗不容易進行。因此,涉及人類進食、代謝與體重控制等營養學議題,常出現百家爭鳴、各說各話的情況;有的主張多吃菜少吃飯,有的以為麵飯等碳水化合物不可或缺,更極端的則鼓吹以高蛋白、高油脂食物為主食,搞得大眾無所適從。這一點非常接近瞎子摸象的故事,每個人摸著了大象的一部分,都以為看到了全貌。其實無論碳水化合物、蛋白質還是脂肪的基本組成單位,在體內都是可以互換的(少數胺基酸除外);因此,以體重而言,重要的是吃進體內食物的能量多寡,而非食物的型態。

　　根據能量不滅定律,進入體內的能量減去身體消耗的能量,如屬正值,體重就會上升,如係負值,體重就會下降,絕無例外。因此,大概曉得自己每日的能量需求,以及平日吃入食物的熱量,對於維持體重或減重是有幫助的。當然,不同食物攜帶的單位熱量有所高低,

像脂肪的單位熱量要比蛋白質及澱粉高；再者，身體消化及利用不同食物所花費的能量也有所不同，像消化蛋白質就要比消化脂肪或澱粉花上更多的能量，因此也才有高蛋白餐減肥法的出現（理論雖佳，但獨沽一味，絕非健康飲食之道）。

　　然而，在周遭親朋之間（包括自己），我們也常見到有人似乎怎麼也吃不胖，有人則一不小心，就往橫發展；甚至還有人說，他喝水也會胖。如果這兩種人真如他們所言，沒有刻意忌口或偷食夜草的話，那麼，不是他們的代謝率、就是他們的脂肪組成有所差別。不過，要決定一個人的代謝率高低（亦即維持一天的活動量所需要的卡路里數），或是體內含有多少脂肪細胞，都不是容易的事。而這兩樁困難的工作，都是由洛克斐勒大學醫院的臨床教授赫許醫生 (Jules Hirsch, 1927–) 所完成的。

　　赫許於 1954 年起，即加入洛大醫院從事脂肪的研究，至今已超過五十年之久（他目前是該校退休的榮譽教授）。當年，對於人體到底有多少脂肪細胞、胖子與瘦子的脂肪細胞數有無不同，以及脂肪細胞的生長發育過程等問題，完全沒有人知道。赫許同時進行人體及動物實驗，建立了今日我們對於脂肪生理學的認識。他和同事、學生的主要發現，簡述於下。

　　首先，赫許發展出簡便、正確的方法，來計算脂肪

細胞的數目及大小,他發現胖子與瘦子所含的脂肪細胞數目確有不同:體重正常的成人約在 250 億到 300 億左右,體重過重的人則可高達 2,000 億之多;同時,每個脂肪細胞的大小,差別也可高達四倍。因此,胖的人不單有過多的脂肪組織,同時每個脂肪細胞的體積也大得多(亦即儲存了更多的油脂)。

除了族群當中出現的先天變異外,脂肪細胞的數目確實會受飲食的影響,尤其是在發育的階段。赫許調整母鼠哺育新生老鼠的數目,少至 4 隻,多達 22 隻(正常一胎 6 到 10 隻不等),直到出生二十一天後斷奶為止。果不其然,以小胎數哺育的老鼠,斷奶時體重都高過大胎數的老鼠;到牠們二十一週大時,前者是後者的一倍半重。當赫許檢視這些老鼠,發現增加的體重大多來自脂肪組織;以他所取樣的副睪脂肪而言,重量差別可達三倍。

脂肪細胞的增生與神經細胞類似,多發生在幼年期到青春期,成年後就停頓下來;但脂肪細胞的大小,則終生可變。因此,從小就胖的人,體內的脂肪細胞數會比較多,成年以後才胖起來的人,則多是脂肪細胞變得較大(到某個程度仍有新細胞的生成)。很多過胖的人都嘗試過減重,但效果常因人而異,維持的時間也有不同;以上述兩種人而言,成年後才胖起來的人維持減重的能

力較佳，與小時候就胖的人相比，平均是一年與十五週之別。至於脂肪細胞的數量與體積同時都有增加的人，減重的維持效果更差，平均只有十二週。由此可見，同樣是體重過重，其中仍有差別。發育時期所定下來的體型，似乎在體內打下了某種難以磨滅的烙印。

除了體脂肪的差異外，這些人的代謝率也有不同。赫許利用洛大醫院的研究病房，挑選各種體型的志願受試者長期進住；這些人每日除了服用固定熱量的液體食物外，一概不准吃任何含有熱量的東西。以這種嚴格控制飲食的方式，赫許就能根據受試者體重的變化，而得出他們的代謝率：如果體重下降，代表入不敷出；體重上升，代表入多於出；體重不變，則出入相當，代謝率等於進食量。

人體的代謝率並非一成不變，可隨年齡、性別、體重、活動量，甚至一天的不同時間而有所變化。傳統以身體的產熱量或耗氧量來計算一定時間內的代謝率，再算出全天代謝率的估計值，赫許的方法則提供了較實際的數值。由此得出的重要發現是：不同的人確實擁有不同的代謝。以體重 60 公斤的正常人而言，平均代謝率在 2,300 大卡左右；體重達 150 公斤的胖子，則需 3,600 大卡之多。然而當後者減去 50 公斤的重量，體重仍高出前者 40 公斤時，其代謝率卻降至 2,200 大卡以下，比前

者還低。這就是減重後的胖子就算吃得少，體重很快又會直線上揚的理由，也為「喝水也會胖」的說法，提供了某種支持。

（2003/12/03〈中副‧書海六品〉）

眾裡尋它千百度

　　人體代謝速率通常與體重成正比，越重的人代謝率也越高；然而，具有相同體重的三個人，一來自減重，一是原本的重量，另一來自增重，他們的代謝率卻各不相同，從低到高依序排列。身體這種利用代謝率的變化，以求恢復原本體重的現象，是洛克斐勒大學醫院赫許實驗室一位名叫萊貝爾 (Rudolph Leibel, 1942-) 的醫生所發現的。

　　萊貝爾原是麻州劍橋醫院的小兒科副主任，兼哈佛醫學院的助理教授。他在行醫生涯當中看了太多肥胖的小孩，深感醫學對此問題的無能為力，其中尤以一位帶著肥胖兒子前來門診的母親所說的話，讓他永誌不忘：當他向這對母子說了一些加強運動及注意飲食等老生常談後，該母親一把拉起小孩往外走，嘴上同時說：「我們走，這個醫生什麼屁也不懂！」

　　1978 年初，萊貝爾趁出差紐約之便，拜訪了赫許的實驗室後，就下定決心，放棄了令人稱羨的臨床工作及待遇，帶著妻女來到洛大，投入肥胖生理與病理的研究

工作。從之前席姆斯以監獄犯人所進行的實驗性肥胖研究，以及萊貝爾以志願者進行的嚴格控制進食熱量的研究，都指向一個結論：我們身體對於自身的體重，似乎有個設定值，只要體重偏離了該值，身體就會感覺不對勁，而以增加或降低進食量及代謝率來設法恢復。至於這個設定值究竟是由什麼來決定，無論寇爾曼的 ob 與 db 鼠實驗，以及基斯限制受試者飲食的人體實驗，都指向體脂肪。於是，萊貝爾開始尋找由脂肪細胞所分泌的飽食因子，以及可能的肥胖 (*ob*) 基因。由於萊貝爾不是分子生物學家，因此他找了洛大另一位對進食問題感興趣的研究員弗利德曼 (Jeffrey Friedman, 1954-) 合作。

弗利德曼也是習醫出身，22 歲就從醫學院畢業。在完成三年住院醫師訓練後，因為申請專科醫師時動作遲了些，出現一年空檔，而由老師介紹，來到洛大進行為期一年的研究。剛開始，弗利德曼研究的是藥物的成癮，但他幫忙一位同事研究膽囊收縮素 (CCK) 這個當時許多人認定的飽食因子，而對食慾控制的問題產生興趣。一年後，他放棄了享有盛名的波士頓布里根醫院的專科醫師訓練機會，決心從事選殖基因的基礎研究。由於完全沒有這方面的經驗，所以也沒有實驗室願意收他；於是，他選擇了回頭再念個博士學位，而於 1985 年從洛大著名分子生物學家達內爾 (James Darnell) 的實驗室畢業。

　　弗利德曼利用所學的新技術，於畢業前就幫忙朋友選殖了 CCK 的基因，然而該基因卻不位於小鼠的第六號染色體，也就是一般認定 ob 基因的所在；顯然，ob 基因的產物並非 CCK。於是，弗利德曼也想進行選殖 ob 基因的工作。至於究竟是萊貝爾還是弗利德曼主動提議合作，十多年後兩人的說法並不一致；這在重大科學發現上，似乎已見怪不怪，每人都只記得自己的想法，而忘了別人。不管怎麼樣，他們兩人自 1986 年開始的合作是相當幸運的組合：萊貝爾對於肥胖的生理學有徹底的了解，而弗利德曼的手中則握有分子生物學的工具。

　　雖說 1980 年代中，選殖基因早已可行，然而要在哺乳動物龐大的基因組尋找一個未知的基因，仍有如大海撈針。他們唯一可依賴的，就是找出某些與 ob 基因一起遺傳的標籤，那代表著該標籤與 ob 基因在染色體上的位置相近。只不過他們花了整整一年時間，也找不出什麼標籤來。為此，萊貝爾還送了一名研究生巴哈利 (Nathan Bahary) 到英國待了四個月，學習染色體的微切割法，才有所進展。

　　在合作了六年之後，他們終於將 ob 基因定位在兩個標籤之間，但其間仍有 220 萬個鹼基那麼長。由於弗利德曼非常在意自己的功勞會給資深的萊貝爾及赫許給掩蓋，而要求萊貝爾不要插手基因選殖的計畫。按弗利德

曼的說法，他與萊貝爾達成了終止合作的協議，萊貝爾則說自己是避免進一步衝突，而決定不過問例行的選殖工作，但仍與弗利德曼及其成員維持密切接觸，他們也繼續尋求他的意見。

這時，有位出身大陸復旦大學，並剛從紐約大學取得博士學位的張一影加入弗利德曼的實驗室。張與另一位技術員使用了兩項新技術，將該區可能的基因數先縮減到兩百，然後再減至四個，最後終於找到了肥胖鼠發生突變的 *ob* 基因。這已是 1994 年 5 月初的事了。在將 *ob* 基因的完整序列以及蛋白質產物的胺基酸序列給決定出來之後，報導這篇重要發現的論文於該年 12 月 1 日出版的《自然》期刊刊出，張掛頭名，弗利德曼則是位於最後的通訊作者，中間還有四位工作者的名字，只不過萊貝爾及巴哈利都不在上頭。文章問世的前一日，弗利德曼也送進了 *ob* 基因的專利申請。

（2003/12/10〈中副・書海六品〉）

瘦身素

　　基因多以其功能及產物為名；不過，許多由於突變而造成疾病的基因，則多以該病症為名，好比杭丁頓基因、纖維囊腫基因等。這種命名法常給人帶來錯覺，以為該基因是發病的罪魁禍首，事實上反面的說法才屬正確：正常基因的功能是防止發病的，只有突變的基因，才造成問題。同理，肥胖 (ob) 基因原本的功能應該是避免過胖，只有當 ob 基因出現突變，才造成了肥胖鼠。

　　因此，正常 ob 基因的蛋白質產物，就應該是防止身體發胖，甚至具有減肥功效的「寶貝」物質了。以發現下視丘激素而獲得諾貝爾獎的紀勒門 (Roger Guillemin) 就在某次開會時，向弗利德曼建議，ob 基因應該改名為 lepto，那是希臘文「瘦」這個字。由於 ob 基因的名稱已行之有年，沒必要改，但弗利德曼採納了紀勒門的建議，把新發現的 ob 基因產物——由 167 個胺基酸組成的蛋白質——命名為「瘦身素」(leptin)。

　　弗利德曼對於瘦身素這項發現的重要性，可是再清楚不過，也刻意維護自己的功勞。除了之前就排除了萊

貝爾的參與外，他也堅持把巴哈利的方法學工作先行發表；因此，在正式報告 *ob* 基因及瘦身素發現的論文上，他是唯一的實驗室主持人。同時，在後續的工作，包括瘦身素的生理作用以及受體的鑑定上，他也刻意不讓張一影插手，以免張「功高震主」。後來，萊貝爾離開洛大，轉往哥倫比亞大學醫學院建立實驗室及診所，張也跟著跳了槽。

由於瘦身素是分子量相當大的蛋白質，人工合成不易，於是弗利德曼找上另一位洛大的研究員柏利 (Stephen Burley)，以基因工程的做法，將 *ob* 基因植入大腸桿菌藉以製造出大量的瘦身素，用於活體的動物實驗。果不其然，瘦身素在 ob 鼠及 db 鼠身上的作用一如當年寇爾曼的猜測：ob 鼠的體重顯著下降，db 鼠則沒有反應。這樣的結果顯示：ob 鼠確實是因為基因出了問題，無法產生有效的瘦身素，而導致肥胖；db 鼠則可能是接收端出了問題，對瘦身素不產生反應而造成。兩種老鼠都有嗜食、肥胖及糖尿病的相同症狀，從外表無法分辨。

報導瘦身素作用的論文於 1995 年 8 月發表在《科學》上，同一期還刊登了另一個實驗室發表的類似報告，為瘦身素的效用作了即時的驗證。一年內連續發表兩篇重要文章，弗利德曼可說是一炮而紅，他不但於同年晉升為洛大教授，同時各大藥廠也競相提出購買瘦身素專

利使用權的申請；最後則是由加州的「應用分子遺傳公司」(Amgen) 以兩千萬美金得標，據信是有史以來大學所擁有最值錢的專利（如果瘦身素能通過某些關卡而製成藥品上市的話，Amgen 還答應支付更多）。這筆款項的三分之二歸洛大及霍華休斯醫學研究院（弗利德曼研究經費的主要來源）使用，三分之一則歸弗利德曼實驗室所有。經過一番折衝，弗利德曼分了部分給六位參與的成員，數目則不詳；據信弗利德曼自己的一份在五到六百萬美元之譜。

那麼瘦身素在人身上是否與老鼠一樣有用呢？這個問題的答案是肯定的，卻有但書。瘦身素發現後三年，英國劍橋大學附屬醫院的歐賴利醫生 (Stephen O'Rahilly) 及同事於《自然》報告了一對表姊弟的病例，他們都來自近親通婚的巴基斯坦移民之後，從小就出現病態的肥胖，無論用什麼方法也難以遏止極度飢餓的感覺；他們體內的兩套 ob 基因都各少了一個核苷酸（其父母雙方都只攜帶一套有缺陷的基因），血中也完全測不到瘦身素。更重要的是，以注射方式補充瘦身素對他們有極大的幫助，無論進食量及體重都有顯著下降。之後，世界各地陸續有類似的病例報導，累計已有一打左右。此外，歐賴利及同事進一步發現，只帶有單套 ob 基因突變的人，血中的瘦身素量就已經比正常人少，體脂肪也相對增高。

因此，人類族群當中或許有某個瘦身素不足的子族群，可經由注射補充而獲益。

然而，由基因突變造成肥胖的病例究屬少數；對一般過重者而言，其血中的瘦身素其實並不缺乏，並且與體重成正比，問題顯然不在這裡。1999 年，Amgen 發表了瘦身素的初步人體試驗結果，其中變異頗大，最多的減了 13.5 公斤，有的反而增加了 5.4 公斤。由於蛋白質激素不能口服，而皮下注射又產生相當擾人的刺激性副作用，導致有超過三分之一的人退出了試驗；因此，瘦身素想要在臨床上應用，還有好長一段路要走。

至於瘦身素的受體，則在瘦身素發表後一年（1995年 12 月），由千禧製藥公司率先提出報告，比弗利德曼的實驗室早了一個半月。果不其然，db 鼠就是瘦身素的受體基因出了問題，而導致瘦身素無法作用。同時該受體在腦中最主要的表現區，就在下視丘的腹內側核，與之前飽食中樞的位置相符。至於由瘦身素受體突變而導致人類肥胖的病例，目前的發現倒是相當稀少。

雖然瘦身素不是期待中的魔術子彈，但它的發現卻解開了長達四、五十年來腦部破壞實驗及 ob/db 鼠的迷團，也開展了飲食及體重控制的全新研究。面對富裕社會肥胖人口的增多，以及隨之而來的各種健康問題（糖尿病、心血管疾病等），這方面的研究正方興未艾。至於

人類能否從這些研究當中，取得克制口腹之慾的良方，仍屬未定之天。

（2003/12/17〈中副‧書海六品〉）

生命的韻律

　　時間一向是令人著迷的觀念與現實；撇開哲學家、物理學家對時間的複雜定義不論，對生物來說，時間就是生命的本質。無論是生活在非洲草原的動物，還是在高速公路上奔馳的現代人，估算迫近的獵食者或與前方車輛相隔的時間（距離除上速度），可是攸關生死的能力。再者，地球上幾乎所有生物都受到日升日落、四季更迭的影響，要是未能與地球的物理時間取得協調，也將難以存活。最終，凡是生物都免不了一死；至於生物體內何種機制負責計算並限制了生存的年限，則是更為重大且切身的問題。

　　對物理學家來說，時間是客觀的現實；對生物本身，則是主觀的認定。同樣長短的時間，在不同的情況下可能造成不同的感受，是每個人都有過的經驗。美國杜克大學的梅克 (Warren Meck) 與哥倫比亞大學的吉朋 (John Gibbon) 提出了腦中「間距計時」的理論，對於人主觀的時間認知提供了解釋。當我們專注於某件工作，忽視了時間的進行，或是患了神經病變或使用藥物，造成內在

的間距計時器速度變慢，我們以為才只過了一會兒的時間，卻可能大半天已過去。反之，處於緊張的時刻或使用興奮性藥物，造成間距計時器的加速，以至於我們以為已經過了好長一段時間，其實才不過一下子而已。這些都是人類對時間長短的主觀感受與實際情況有所差異的例子，曉得這些，也足以提醒我們主觀感覺之不可恃。

生物學家了解最清楚的生物時鐘，要屬於計量接近二十四小時變化一回的日變週期 (circadian rhythm)。早在 18 世紀初，就有法國的科學家發現，就算在全暗的房間裡，含羞草的葉片依舊維持約每二十四小時開闔一次的韻律，如同在室外一般。接著，19 世紀的醫學書籍中，也提到人的體溫隨著一天的時間而有所變化。然而，直到 20 世紀後葉，一直沒有多少生理學家及醫生重視這一點，多數研究及醫療行為的執行，毫不考慮一天當中的時間因素。至於中國民間傳統及道家的養身，雖然相當重視時辰的觀念，但其背後卻不見得有什麼道理可言。

真正對人體內在的日變韻律有清楚的認識，是在所謂「沒有時間」(time-free) 的情況下發現的，也就是在地底洞穴或與外界隔離的密閉空間中，進行十天半月以上的生活實驗。這些已有四十年歷史的研究結果發現：不單是受試者的體溫、作息時間仍維持接近二十四小時的週期，就連血壓、排尿量、肌肉張力，以及血中好些荷

爾蒙的含量等，都展現類似的週期變化。這種每日定時出現、可預期的生理變化，是以往研究反應式生理變化的生理學家所不熟悉的現象，因此也開啟了「時間生物學」(chronobiology) 這門研究。

早期研究實驗動物的日變週期，多以計量活動、進食或飲水等外在表現，以及由松果腺所分泌的褪黑激素 (melatonin) 作為指標；由此可以明顯看出這些活動與光暗週期之間，具有明顯的同步關係。日光是造成內外週期同步最有效的刺激。光線進到視網膜後，要經過至少五個神經聯繫，才抵達腦中的松果腺 (pineal gland)；這條神經解剖通路的發現，已有二十來年歷史。由於光線的訊息對松果腺造成抑制，因此由松果腺製造的褪黑激素都在夜間分泌；這一點，無論是日行性或夜行性動物都一樣。所以同樣是褪黑激素，對不同的物種則可能傳達不同的訊息。這在不同季節進行生殖的動物身上，可找到另一例證。

早期以倉鼠這種在長日照季節生殖的動物為研究對象，發現當時序進入秋季，日照變短，褪黑激素的分泌時間隨之提前時，雄倉鼠的睪丸便出現萎縮，雌倉鼠的動情週期也停頓下來；直到來年春天到來，日照時間逐漸增長，才又恢復。根據這樣的發現，就有人推論：過多的褪黑激素對生殖力會造成抑制；其實那只看見了事

實的一面而已。對短日照季節生殖的動物而言，如溫帶的鹿類，牠們可是入秋之後才開始發情，進行交配，與倉鼠完全相反。其中緣由是倉鼠的懷孕及成熟期都短（總共約兩個月），新生鼠可於該年冬季來臨前就已成熟獨立；而鹿的懷孕成熟期長，唯有在秋末冬初懷孕，春天生產的幼鹿才能存活過冬。所以說，褪黑激素對生殖不見得就是抑制作用，端看生物本身及環境的狀況而定。

　　至於像人類這種生殖功能不受季節限制的物種，褪黑激素對生殖的影響就微不足道了。雖然現代社會人工照明普及，可以說已脫離了黑夜的束縛，但人類還是屬於晝行夜伏的動物，因此褪黑激素對人類也有降低體溫、促進睡眠的作用。就算人體生理對環境有極佳的適應彈性，但長時間日夜顛倒造成內外週期的紊亂，好比經常越洋飛行以及從事三班制工作的人士，其生活品質及身體健康都不會太理想。

　　20 世紀後葉，時間生物學的研究有許多重要的里程碑。舉例來說，1962 年提出隔離環境的實驗結果、1971-1972 年發現第一個週期有所突變的果蠅，以及哺乳動物腦中生物時鐘 (biological clock) 的所在——視叉上核 (suprachiasmatic nucleus, SCN)、1982 年顯示離體的 SCN 神經細胞具有二十四小時週期變化的放電頻率、1984 年發現第一個果蠅的週期基因 *per*、1990 年報告移植的 SCN

可以決定宿主的日變韻律等。近年來更隨著週期性表現的基因及其蛋白質的數目愈形增多，我們對日變韻律在細胞層次的調控機制也了解得更透徹。

一般讀者不免要問，時間生物學的相關發現對我們的日常生活有什麼幫助？嚴格說來，目前幫助還不大。對於出現時差及季節性情緒失調人士，褪黑激素及光照療法是有用的做法，對輪班方式也可提供些建議。至於失去了局部或全身週期變化的控制，除了造成作息時間紊亂外，是否也是其他疾病之源，還有待進一步研究。隨著現代生活的便利，二十四小時無休的行業逐漸增多，現代人生活作息被攪亂的機會也隨之增大。學著聆聽自己內在週期的韻律，不刻意違逆身體自然的需求，還是最基本的養生之道。

（2002 年 11 月號《科學人》）

失眠者沒有悲觀的權利

　　失眠是現代人常見的毛病，不下三分之一的人，在一生當中，都碰過這個問題。教人怎樣應付失眠的書籍、報章雜誌的專文，也經常可見。某些嚴重的失眠，確實可能有身心方面的失調，必須求醫診治，不可只從失眠的表象下手。本文則針對具有「敏感」性格人士的失眠問題，提出個人經驗及建議。

　　心理學家將人的性格粗分為「內向」與「外向」兩種，與一般人的經驗也相去不遠。事實上人的性格特質種類甚多，全屬內向或外向特質者，並不多見；具有偏向某方面屬性多一些的人，也就標誌為內向或外向。至於生理學家更感興趣的問題，乃是這樣的分類，是否具有生物的基礎。根據腦電波學的研究，內向者的腦神經活性在安靜的狀況下，要比外向者來得高；同時對於聲光刺激的反應，也來得大。此種不同的生理現象，也為內向與外向者的不同取向，找到某些解釋。

　　就算不用內向與外向的個性來分類，這樣的結果也告訴我們：不同的人對於相同的刺激，反應是不一樣的。有人天生反應敏感，有人則較為遲鈍；有人在喧鬧的環

境，照樣呼呼大睡，有人則一根針掉在地上，也會驚醒。這種現象，人人皆知，問題是天性敏感者要是因此影響到每日的睡眠，該有怎樣的應付之道。

一般教人避免失眠的方法，不外乎生活規律、維持舒適的睡眠環境、少用刺激性食物及飲料，及經常運動等；毫無疑問，這些都是應該遵守的。但不失眠者不知失眠者的痛苦，且不說現代人的生活型態與環境，能否都符合上述要求，就算盡量都做到了，躺在床上輾轉反側者，仍不在少數。這些人通常屬於上述心性敏感者，不但處於安靜狀態，腦子的活性就比常人高，有刺激來時，反應也更強。更要命的是，這樣的人如果再有事縈繞腦際（譬如明天有重要考試、面談、上臺演講等），就更睡不著了。因此這種失眠，也稱為「情境失眠」。

基本上，情境失眠是心病。在生理學家還沒完全搞清楚到底是什麼樣的神經化學機制，讓人從上一刻的意識清明，轉到下一刻的不醒人事之前，心病還是以心藥醫的好。目前的安眠藥除了天然的褪黑激素外，都有壓抑及麻醉神經的作用，達不到正常睡眠的效果，健康的人最好少用。至於心藥，當然因人而異，在此個人有幾項建議，望能有所幫助。

一、培養「少睡一晚，並無大礙」的觀念。如前所述，失眠者常自己嚇自己，愈擔心愈睡不著，形成惡性

循環。要打斷這樣的循環，就是建立上述觀念。只要心情放輕鬆些，就容易入睡得多。回想三十年前參加大專聯考前夕，筆者經驗了第一次的徹夜不眠；面對決定一生的大考（至少當時那麼認為），睡不著覺的恐慌可想而知。但我還是順利考完第一天的考試，當晚八點倒頭便睡著了。有過這種經驗的，只怕不在少數。

　　二、戴耳塞、眼罩睡覺。生活在地狹人稠的臺灣，想要有個完全安靜的睡眠環境，只怕很難。心性敏感者對於穿牆越窗而來的車聲、音樂聲、電視聲、談話聲，幾乎全無招架之力，愈聽愈煩。我們既然控制不了外在環境，只能管好自己的感覺器官。一般人初次戴上耳塞眼罩，只怕不甚習慣，只要多練習幾次，選用適合自己的產品，很容易就能上手。讀者且莫小看小小耳塞的作用，只要不再擔心聽到惱人的聲音，取得心靈的平靜，一夜安眠是不難的。尤其是到外地出差或旅遊，戴上耳塞眼罩上床，就更是「夢裡不知身是客」了。

　　三、練習放鬆之道。現代生活壓力大，造成緊張，讓許多人上了床還放鬆不下。運動是很好的放鬆身心之道，打太極拳、練瑜伽等都是，但更簡單的是深呼吸。人在緊張時，呼吸快且淺，換氣反而不足；深呼吸則利用橫膈膜收縮，挺出腹部，增加肺容量，然後緩緩以口將氣吐出（鼻孔無控制力）。如此不但讓身體得到充分換

氣，並可增強副交感神經活性，降低緊張。上床後只要緩緩做個幾回，就有助放鬆入眠。再來還可練習肌肉放鬆之道。許多人身上某些部位的肌肉，經常處於緊張的收縮狀態而不自知，不單造成疲勞，也是緊張疼痛之源。許多人靠按摩來消除肌肉的緊張，但能不求人自己來更好。入睡前可從頭到腳把可控制的肌肉想過一遍，並加以收縮及放鬆。由於肌肉可以進行「等長收縮」，因此躺在床上不動，就可以做到。

　　最後要談一下褪黑激素。這是由腦中松果腺所製造的激素，於每天晚上分泌。對於季節性生殖的動物（羊、鹿），褪黑激素扮演著重要的角色，負責傳遞外界光照時間長短的訊息。至於褪黑激素在人體的生理作用，至今仍眾說紛紜。許多研究指出，外服的褪黑激素具有幫助調節時差的功能（體內本身的分泌受到暫時的抑制），但無效的報告也有。由於褪黑激素的分泌隨著年齡增長而遞減，故有人推測可能與上了年紀者睡眠減少有關。不管怎麼說，褪黑激素確有稍微降低體溫、產生睏覺的作用；加上它是人體本來就有的物質，幾乎沒有一般藥物的毒性，因此少量服用當無妨礙。人服藥常有求取心安的作用（參見本書〈假做真時真亦假〉一文），服用褪黑激素除了可能的真正效用外，亦可作如是觀。

（2000/09/28《聯合報・健康版》）

生活內分泌

言語不通，是造成種族隔閡的主因；不同學問發展到後來，也出現同樣問題。學術界在這方面頗為勢利眼，藉此劃分「內行」與「外行」。但「知識的傲慢」是另一種無知，所謂的專家跨了一行，很可能變成白癡。

科學各領域中，以醫學與人的關係最為密切；醫學名詞也經常在報章雜誌，及民眾的生活語言中出現，溶入所謂「常識」。然而，醫藥名詞的誤用、混用，以及多重譯名並行的情況，仍然普遍；尤以人體的內分泌系統為最。

今日人類社會，傳染病減少，平均壽命延長，慢性病成為影響生活品質的罪魁禍首。不論糖尿病、甲狀腺功能失調、不孕症、停經老化、甚或癌症，在在與內分泌有關。此外性早熟、禿頭、避孕（包括墮胎）、運動員禁藥等，也與內分泌脫不了干係。

內分泌腺的分泌物稱為「激素」，經由血液循環，送至全身各處。激素原文 hormone 有「激發」之意；音譯「荷爾蒙」更為國人熟知，與「激素」也並行不悖。「荷爾蒙」

三字單獨使用尚可，但用在激素的命名上，就嫌累贅；像「激素」二字還可簡化成「素」，如「甲狀腺素」。

曾有人說，內分泌系統是大自然給人開的一個玩笑；意思是人體的腺體分布之廣，所分泌的激素數量之多，讓人匪夷所思。激素除了以功能區分外，由化學組成可分成胺基酸、蛋白質及類固醇三大類。本文僅就類固醇激素的類別及引起混淆的譯名，說名一二。

類固醇 (steroids) 的前身，即現代人聞之心驚的膽固醇 (cholesterol)。膽固醇經由不同酵素作用，一步步轉換，產生各種產品。分泌類固醇激素的腺體有腎上腺皮質 (adrenal cortex) 及性腺（gonads，包括卵巢及睪丸），每個腺體又都分泌不只一種的類固醇激素。這些激素都有通用的集合名詞：像腎上腺皮質分泌「糖皮質素」(glucocorticoid) 及「鹽皮質素」(mineralocorticoid) 兩類激素，前者與葡萄糖代謝，後者與鈉離子的調節有關；卵巢分泌「雌性素」(estrogen) 與「助孕素」(progestin) 兩類；睪丸則以分泌「雄性素」(androgen) 為主。

鹽皮質素比較簡單，重要的只有一種，稱為「醛固酮」(aldosterone)，或以功能命名為「留鈉素」。至於糖皮質素則以「皮質醇」(cortisol) 為主。許多人將 cortisol 音譯為「可體松」是不正確的；可體松一詞應保留給 cortisone，那是皮質醇在肝臟的代謝產物，本身並無生物活性，必

須經由轉換。另一個重要的腎皮質素是「皮質酮」(corti-costerone)，是鳥類及鼠類的主要皮質素，在人身上只有皮質醇七分之一的產量。

至於「雌性素」的譯名五花八門，有「動（春）情素」、「雌激素」、「女性素」不等。由其字根來看，estrogen 來自「動情」(estrus) 一詞，因此譯為動情素並不錯；但人類女性屬於隱性排卵，已無顯著的動情行為與表徵。再來為了與「雄性素」的譯名相呼應，故此個人主張譯為「雌性素」。雌性素包括最重要的「雌二醇」(estradiol)，及代謝產物「雌酮」(estrone) 和雌三醇 (estriol)。雌三醇是懷孕婦女體內數量最大的雌性素，由母體、胎兒及胎盤三者共同製造，由孕婦尿液檢測，可作為胎兒的健康指標。

主要的「助孕素」只有一種——「助孕酮」(proges-terone)，由原文直譯而成；也有人譯為「黃體素」，因為它是卵巢中黃體的主產物。但助孕酮位於類固醇合成路徑的上游，不限於黃體，故仍以「助孕酮」譯名為佳。近來引起爭議的「避孕／墮胎藥」——RU486，即所謂「抗助孕素」(anti-progestin) 類藥物。

主要的雄性素有兩種——「睪固酮」(testosterone) 及「雙氫睪固酮」(dihydrotestosterone)。前者是睪丸的主產物，後者則是睪固酮從睪丸分泌後，進一步的代謝產物。市

面上的治禿頭藥「柔沛」，就是阻斷將「睪固酮」轉換成「雙氫睪固酮」的酵素。睪固酮亦有人譯為「睪丸酮」、「睪酮」等，差別不大。睪固酮的前驅物，如「去氫雄酯酮」(dehydroepiandrosterone, DHEA) 及「雄烯二酮」(androstenedione)，腎上腺皮質也有所分泌，功能只有睪固酮的 8-16%，卻是女性體內雄性素的主要來源。近年來 DHEA 還成了健康藥品，流行過一時。

睪固酮除了可轉化成雙氫睪固酮外，它也是雌二醇的前身。換言之，雌性素是由雄性素轉化生成的（只需一個酵素的催化）。某些雄性素的作用，事實上要先轉化成雌性素才能產生。這種複雜性，與人類性別的決定有密切相關，因此成為某些社群（女性主義，同性戀）關心的主題。

以上的類固醇名稱，還只是通用的俗名，並不是它們真正化學結構的名稱。再者，這些類固醇都有各種的人工合成產品，藥效更強，作用時間更長（許多糖皮質素），或是適合口服（避孕藥丸）。這些就留給「專家」去傷腦筋了。

（2001/03/05《中國時報‧人間副刊》）

嗅覺生理知多少？

❑ 序　言

　　2004 年的諾貝爾生理或醫學獎頒給了兩位研究嗅覺的美國學者：紐約哥倫比亞大學的艾克索 (Richard Axel, 1946-　) 及西雅圖哈欽森癌症研究院的芭克 (Linda Buck, 1947-)。除了兩位得獎人一致表示驚喜不已外，對多數生物醫學界人士來說，可能也會感到有些意外。

　　其實，負責諾貝爾生理或醫學獎遴選的瑞典卡洛林斯卡學院對於人體的五大特殊感覺系統一向情有獨鍾。以視覺為例，就曾經三度（1911, 1967 及 1981 年）頒獎給七位研究眼睛感光及視訊處理的學者；同時，1914 及 1961 兩年，也分別頒給了兩位研究平衡覺與聽覺的學者。鑑往知來，嗅覺研究的終於獲獎，就不至於太出人意表了。

　　嗅覺對人的重要性，大概文人墨客及香水業界人士要比生理學家還有更深刻的體認；前者常以華麗的文字描寫氣味帶給人各種有關情緒與記憶的聯想，後者則掌

握了販賣氣味分子的無限商機。反之，多年來生理學的教科書裡針對嗅覺的敘述，大多不超過短短兩三頁，由此可見我們對於嗅覺生理知識的貧乏，與嗅覺的多樣與豐富，完全不成比例。

❏ 神祕的嗅覺

任何人來到新的環境，除了會用眼看四面，耳聽八方外，鼻子是另一個經常使用、卻不自覺的感覺器官。我們在公園或森林裡，會貪婪地深吸幾口大氣，讓樹葉及草地的清香充滿胸臆，給人帶來幸福的感覺；當我們回到家鄉故居，空氣中熟悉的味道，馬上引發無限的往日情懷，塵封已久的記憶，也一湧而出。此外，嗅覺所具有的覓食、警戒，甚至異性相吸的功能，對許多動物而言，重要性也不言而喻。

然而，在視、聽、嗅、味及平衡等五大特殊感覺當中，嗅覺是最不被重視的一項。如果讓人選擇可以割捨的感覺，嗅覺總是名列前茅，甚至還在味覺之前；但一般人卻不見得曉得，食物的香味有 80% 是由嗅覺所貢獻，如果少了嗅覺，再美味的食物吃起來也將如同嚼蠟。

據信，人類的嗅覺系統可以分辨萬種以上的氣味，同時這種能力無需學習或訓練，任何天然或人工合成的分子，就算是第一回接觸，我們也都能夠辨識；單是這

分能力，就足以讓人驚奇不已。以人體另一個經常需要面對新事物的免疫系統而言，碰上了入侵的新病毒或外來物，會需要一段時間（以天計）進行基因重組，以製造新的抗體進行對抗。比起來，嗅覺系統的能耐似乎還更勝一籌。

與嗅覺的豐富性相比，人類的語言就顯得貧乏許多；通常我們只能將新近接觸的氣味與過去曾經聞過的氣味相比，而難以使用確切的形容詞描述。譬如我們會說某樣東西聞起來有茉莉花的香味，或是杏仁的味道；剛出爐的麵包、蒸濾的咖啡、新割的草地、刨出的木花，都有其特殊氣味，但也不易形容。如果某人從來沒有聞過某種氣味，那更是難以用言詞讓他曉得聞起來究竟是什麼味道。

❑ 化學感覺系統

話說生物體的感覺系統，屬於神經系統的分支；任何感覺的產生，必須經過三個過程：一、感覺接受器受到外來刺激興奮而發出訊息，二、訊息經傳入神經送入大腦，三、大腦對傳入訊息進行整合及認知；除了幻覺外，三者缺一不可。一般而言，最難研究也最難了解的，要屬於腦中樞的處理過程；然而對嗅覺來說，多年來連第一關興奮的過程都沒有定論，且爭議不斷。

　　長久以來，嗅覺與味覺都歸類於化學感覺，那是因為這兩種感覺是由一些化學分子所引發。這種稱為氣味分子 (odorant) 的物質與位於鼻腔黏膜嗅覺細胞上的特定受體 (receptor) 結合，是引起嗅覺的第一步。至於受體辨識氣味分子的方式，一般相信類似鑰匙與鎖的關係，也就是所謂的「形狀理論」(shape theory)。然而，這些假想中的嗅覺受體到底是什麼，種類與數量又有多少，可是一直不為人所知。這個謎團一直要到 1991 年，才由芭克及艾克索兩人解開。

❏ 諾貝爾獎新科得主

　　艾克索及芭克的出身是分子生物學家，與嗅覺生理並不相干，甚至與神經科學也沾不上什麼邊。然而他們將成熟的分子生物學技術應用在神經科學的問題上，一夕之間就改寫了嗅覺生理的教科書，他們兩人也搖身一變，成為出名的神經科學家；由此可見神經科學的整合性質，以及分子生物學技術的無窮威力。

　　艾克索的研究生涯開始得很早，在哥倫比亞大學念書時就進入實驗室工作，並有成果以第一作者發表在《美國國家科學院學報》。接下來，他在約翰霍普金斯大學醫學院以三年時間就完成學業。曾有同事在介紹他時打趣說，當年醫學院頒給他醫學博士學位時有個但書，要他

答應以後不碰活的病人。接著艾克索自己也開玩笑說，醫學院畢業後他回到哥大的病理系接受訓練，結業時，病理系的主任則要他答應以後連死人也不碰，才願意給他證書。這雖然是開玩笑的話，但也可見美國不少一流的頭腦，為了研究興趣，而寧捨醫生這一行。艾克索於醫學院畢業後八年，年方 32 歲，就晉升為哥大正教授；37 歲那年，又獲選為美國國家科學院院士。美國的學術界對於傑出人才的不吝提攜與酬庸，值得國內借鏡。

至於芭克則屬於大器晚成型，雖然只比艾克索小上一歲，但她遲自 28 歲才從大學畢業；33 歲取得免疫學博士學位後，又做了兩年博士後研究，才前往艾克索的實驗室工作，且一待就是九年。在共事的九年中，芭克的論文發表少得可憐，顯然花了許多時間在嗅覺受體這個新的研究課題上，其中辛苦，當不足為外人道。

❑ 追獵嗅覺受體基因

1980 年代末期，人類基因組計畫才剛起步，已知的哺乳動物基因序列數目少得可憐，想要追獵未知的基因，還是非常辛苦的工作。芭克尋找嗅覺受體的做法，有點像大海撈針。之前，已有證據顯示：不同感覺系統的受體可能是類似的。於是，她拿視網膜上負責感光的受體「視紫質」(rhodopsin) 作為嗅覺受體的藍本。視紫質屬於

G 蛋白偶合受體 (G-protein coupled receptor, GPCR) 家族的成員之一；所有的 GPCR 都位於細胞膜上，並具有七個厭水性的穿膜區段，顯示不同的 GPCR 之間，有許多共通之處，也代表它們來自共同的始祖。

芭克在已知的 GPCR 當中，選取了一段遭到演化保留下來的共同區段作為模板，再從組成這段蛋白質的胺基酸序列，往回推導出 DNA（也就是假想中的受體基因）的核苷酸序列。基因編碼是以三個核苷酸為一個單位，負責一種胺基酸。接著，她以人工合成的這段核苷酸序列作為引子 (primer)，用上當時剛發明不久的聚合酶連鎖反應法 (polymerase chain reaction, PCR)，將大鼠嗅覺細胞裡帶有這段引子的核糖核酸釣出，並不斷加以複製，然後再進行純化及定序。

芭克的這種做法其實相當冒險。首先，假想中的嗅覺受體可能不屬於 GPCR 家族；再來，核苷酸編碼屬於「簡併碼」(degenerate code)，也就是同一個胺基酸有不只一組的編碼負責。因此，從胺基酸序列推算回去的核苷酸序列，就有許多不同的變化，得一一嘗試才行。為了拿不同核苷酸序列的引子進行試驗，芭克埋首實驗室日以繼夜地工作，達三年之久；她的母親及男友甚至還要打電話到實驗室提醒她吃飯，可見其投入。

幸運的是，皇天不負苦心人，芭克終於找到了假想

中的嗅覺受體，果然屬於 GPCR 家族；同時嗅覺受體還不像視覺或是味覺受體，只有少數幾種，而有上千種之多（這是老鼠的數字，人類則有 350 種左右），成為最大宗的 GPCR 家族分支（人類的 GPCR 總數約為 450）。這項劃時代的發現發表在 1991 年的《細胞》(Cell) 這份知名雜誌，讓芭克一舉成名；她不單因此取得了哈佛的教職，並於十年內繼續研究這個題目，而由助理教授一路升到正教授，兩年前才轉往目前的研究單位任職。

□ 嗅覺的振動理論

嗅覺受體的發現固然重要，但那也只是起點，真正困難的問題還在後頭。以嗅覺的豐富性而言，人體擁有許多不同的受體是大自然合理的安排；然而，比起我們能夠辨識的氣味數量來，嗅覺受體的數目還是太少，不足以涵蓋所有的氣味，顯然受體之間需要有所組合及互動。因此，受體如何辨識氣味分子成了一項爭議性的題目，甚至 2003 年有本暢銷的科普書《氣味皇帝》(The Emperor of Scent) 出版，就以一位特立獨行的科學家涂林 (Luca Turin) 為主角。涂林認為氣味分子引起嗅覺靠的不是形狀，而是靠其化學鍵結攜帶的能量，而產生的不同振動頻率；因此，涂林提出嗅覺受體具有類似光譜儀 (spectroscope) 的功能，可以辨識帶有不同能量的分子。這

種說法早在 1930 年代就由一位英國的化學家戴森 (Malcolm Dyson) 提出，也就是所謂的嗅覺振動理論 (vibration theory)，1960 年代又有人再度鼓吹，但卻因為少了生物學上的證據，而遭到遺忘。

涂林的理論則根據芭克及艾克索的最新結果，他發現嗅覺受體分子上頭有兩段胺基酸序列，可分別接上細胞電子傳遞鏈上的分子之一 NADPH，以及接收電子的鋅原子 (Zn)，因此他認為那可能提供嗅覺受體所需的能量，執行光譜儀的工作。這個理論雖然有趣，但卻有太多一廂情願的想法，可想而知，不容易被嗅覺研究的主流人士認可。然而涂林卻信心滿滿，不但將文章投送《自然》，並且還不肯接受退稿，一而再、再而三地提出答辯，歷時一年，終究未能扭轉事實。2004 年初，《自然神經科學》雜誌卻刊出了另一篇論文，根據涂林的理論，以同位素取代原有元素的方式，合成形狀相同但能量不同的新分子，讓志願者試聞；結果並沒有發現兩者的氣味有什麼不同，可以說是以實際證據駁斥了涂林的理論。

《氣味皇帝》一書將涂林描寫成現代的唐吉訶德，屢敗屢戰，引起許多行外人士的同情，行內人士的皺眉。不過該書藉涂林之口提出一項預測，倒是一點不差：「解開人類其他感覺系統奧祕的研究，都得到了諾貝爾獎，沒有理由說嗅覺研究會例外。」果然，諾貝爾獎並沒有忽

視嗅覺研究，只不過得獎的是艾克索及芭克，而非涂林。

❏ 後續的研究

芭克自立門戶以後，仍以分子生物學結合神經科學的方式，繼續嗅覺的研究工作；艾克索曉得這個題目是個金礦，也不斷讓新的學生及博士後研究員加入這方面的研究。芭克繼續以小鼠為材料，艾克索則除了小鼠外，還使用了鯰魚 (catfish) 及果蠅等嗅覺系統較不那麼複雜的生物。他們的後續研究發現，嗅覺黏膜上擁有數百萬個嗅覺細胞，各自只表現一種嗅覺受體；同時，單一種氣味分子，可以活化不只一種的嗅覺受體。因此，任何一種嗅覺，都是由不同數量及組合的嗅覺細胞受到不同程度的活化或抑制後，將訊息傳入嗅覺中樞經過解碼下的產物，而非單純一對一的關係；這一點，與視覺系統裡利用三種對不同波長敏感的視覺受體，就能辨識變化多端的色彩世界，有異曲同工之妙。

位於嗅覺上皮中數以百萬計的嗅覺細胞，屬於神經系統裡少數的雙極神經元 (bipolar neuron，另一批則位於視網膜)。嗅覺細胞的樹突端往下伸入鼻腔，接收吸入的氣味分子；軸突端則向上穿過頭骨，進入嗅球 (olfactory bulb)。帶有相同受體的嗅覺細胞軸突，會在嗅球當中匯集成同一個嗅小球 (glomerulus)，其匯聚的比例約為

25,000：1；同時，每個嗅小球有來自 25-50 個僧帽細胞 (mitral cell) 的樹突進駐。因此，嗅小球是嗅覺訊息的第一個整合中心。僧帽細胞將訊息進行區分及放大之後，其軸突形成嗅覺通路 (olfactory tract)，傳送至嗅覺皮質作進一步的處理。

嗅覺是所有感覺系統當中，唯一不需經過脊髓或間腦的轉接，就可直接投射至前腦的系統；其投射也一如其他的感覺系統，具有地域性分布 (topographical distribution)，在大腦嗅覺皮質上形成地圖般的構造。此外，嗅覺訊息還有直接前往邊緣系統的通路；由於邊緣系統是負責情緒、記憶及行為的腦區，因此也可以解釋嗅覺具有引發強烈情緒及記憶的作用。

❑ 感覺研究新頁

芭克與艾克索的發現，給傳統以形態及生理為主的嗅覺研究開啟了新頁；如今研究人員可以活化或剔除單一受體基因的方式，來研究嗅覺訊息的傳遞與整合，同時他們還可以利用特殊的螢光顯影方式，在果蠅的腦中即時看到受特定氣味分子活化的情形。例如艾克索的實驗室發現：蘋果及香蕉的香味可以分別活化果蠅的三個腦區，其中有一個腦區是重複的。如果同時給予果蠅這兩種香味，則有五個腦區受到活化。但果蠅並不會把這

五個腦區的同時活化當成是一種新的氣味，而能夠分辨出兩種味道來；顯然，就算簡單如果蠅的神經系統，還有另一高階的記憶及辨識系統，可以分辨出其中的不同。

人是感覺（或可說是經驗）的動物，人無時無刻不接收到內在及外來的訊息輸入；同時，人也有不斷追求新鮮感官刺激的慾望。生活在單調貧乏世界的人接受不到充分的刺激，其心智也就無法有充分的發展。由於人類感覺的產生，是一連串解構及建構的過程（這是實際的生理過程，而非什麼後現代主義的囈語），如果我們曉得人腦如何將片段的感覺訊息整合成完整的形象，並能察知其中所代表的意義，那麼離解開人類意識之謎，可能就不遠了。感覺生理的重要性，也就在此。

❑ 芭克的啟示

芭克是諾貝爾生理或醫學獎史上第七位女性得主，顯然會給女性科學家帶來一些鼓舞。雖然芭克得獎的研究是在艾克索的實驗室完成，當時她也還是博士後研究員的身分，但她開創性的貢獻與獨立性卻不容置疑；這一點，是之前遭受忽視的幾位女性科學家所缺少的。

由芭克的經歷，可以看出在學術研究上，選擇題目與耐心的重要性。通常年輕剛起步的研究人員受到研究經費的現實壓力所限，多不敢著手風險較大的題目；像

芭克這樣有艾克索這棵大樹的庇蔭，得以長期安心鑽研一個題目，直到有所成果為止，也是不錯的模式，值得有心人效法。

（2004 年 12 月號《科學月刊》）

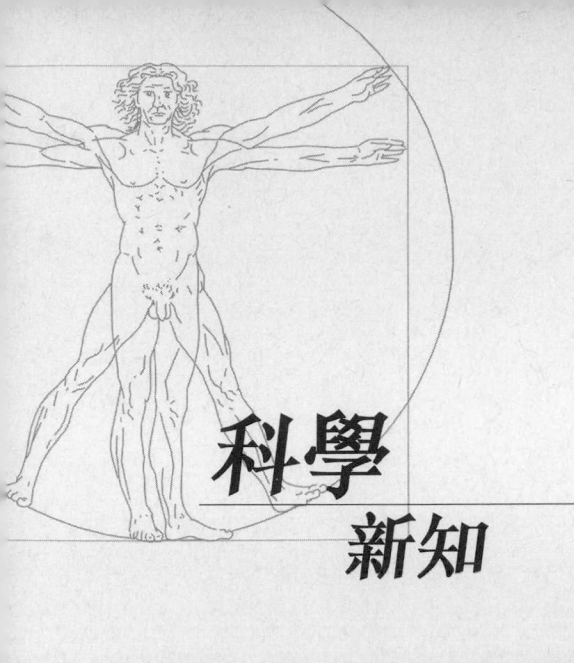

科學
新知

「先天與後天之爭」及「神經元新生理論」

　　1990 年代是所謂「大腦的十年」(The Decade of the Brain)，代表著神經科學研究正式成為顯學，受到社會大眾的關注，而不只是研究人員在實驗室、科學期刊，以及學術會議裡的議題而已。至於這十年間，或者是說整個 20 世紀，神經科學最重要的成就有哪些？我想「先天與後天之爭」(nature vs. nurture) 的畫下句點，以及「神經元新生理論」(neurogenesis) 的重現天日應該都少不了；同時這兩個議題可說是息息相關。

　　對於人成年後一切外在與內在的特質，究竟先天遺傳與後天環境的影響孰大，曾經困擾西方學術界這麼久，引起這麼多的爭議，可是一般國人難以想像的事；或許也部分反映出國人偏重籠統概念，不重實證的態度。這樣的爭論，促使了研究人員針對各種人類特質，進行探討，其中最主要的研究路數，是用上了同卵雙生及一般的手足在不同環境下長大的個案。這樣的研究，得出許多人類特質受到不同因素影響的比例：好比說人的性格特質，遺傳佔了 40%，共享的環境佔 5%、非共享的環境

佔 35%，剩下 20% 則是誤差的變異範圍。

　　類似的心理學或社會學研究常各有預設立場，因此也引發激烈的論戰，譬如近幾年強調先天因素的幾本書：《鐘型曲線》及《教養的迷思》等都是；但對神經科學家來說，遺傳與環境對於神經系統的共同影響是無庸置疑的。早在 60 年代，加州大學的羅森懷格 (Mark R. Rosen-zweig) 就發現，飼養在豐富環境裡的老鼠（空間較大，有同伴相陪、旋轉輪可運動、玩具可玩，以及擺設經常更動等），腦部重量、厚度、神經傳遞物質數量、神經之間連結，以及神經突起分支等，都有增加；同時這些動物在學習跑迷宮的測試上，表現也較好。

　　除了動物實驗的結果之外，神經學研究也發現：人類視覺、語言甚至音樂感的發展，都有某個關鍵期的存在（嚴重斜視的小孩某個眼睛的視力喪失，在野地或隔離環境長大的人學不來語言，13 歲以後學小提琴難以成家等），顯示後天刺激對於這些能力發展的重要性，不是光靠先天遺傳所能自然成就。許多人提出人類是早產兒的說法，指的是新生兒大腦的體積與重量，只有成年的四分之一，與人類血緣最近的黑猩猩則超過四分之三；這很可能與人類的童年期特別長有關。因此，人類在童年發育階段所接觸的種種，對其後來的發展可是有相當重要且微妙的影響。反之，人的性格與一般認知能力，

也可以從小見大，顯示遺傳因子的力量。

經由現代神經科學的研究，使得一向對立的先天後天之爭，在神經元的層面達到大和解：遺傳基因當然決定了人類基本的外貌、智力、性格等屬性，但後天的營養、知覺、情緒、經驗、認知等刺激，也對基因的表現、神經元的生長與連結、訊息傳遞的效率上，造成莫大的影響。因此，刻意執著於單一方面的講法，是沒有必要且是錯誤的。

然而，人類中樞神經的神經元成年以後不再能分裂新生的教條 (dogma)，卻主宰了神經科學數十年，直到最近幾年才被推翻。多年來，教科書教給修習神經生物學學子的觀念，都是成年後神經元只有逐漸減少，而沒有多少修補再生的能力。當然這與學習與記憶的機制，也就是神經元能產生新的突觸連結及加強突觸傳遞的效率，並不衝突。但上述教條的推翻，可是近年來科學界另一項重要的典範轉變 (paradigm shift)，其進展及影響，仍方興未艾。經由一些當事人的現身說法，我們可以一窺其過程的曲折與崎嶇。

早在 1965 年，麻省理工學院的奧特曼 (Joseph Altman) 及達斯 (Gopal Das) 就曾報導成年大鼠腦中的海馬 (hippocampus) 有神經再生的現象。然而受限於當時的方法，他們無法準確估算新生神經元的數目，以及確認是

否就是神經元，因此沒有受到多少人的重視。1970 年代初期，美國紐奧良市杜蘭 (Tulane) 大學有位大學生卡普蘭 (Michael S. Kaplan) 結合了羅森懷格及奧特曼的實驗，給一批大鼠先行注射了放射性元素氚標誌的胸腺核苷（thymidine，建構 DNA 的材料），然後將動物飼養在豐富的環境，30 天後予以犧牲；取出的腦組織切片以自體放射顯影技術處理，可以觀察鼠腦視覺皮質第四層的神經元是否帶有放射性元素顯影的顆粒。有的話，代表帶放射性的胸腺核苷併入了新合成的 DNA 中，也就是有新分裂的細胞；結果他發現了相當多神經元的細胞核上，有銀離子顯影的顆粒存在。

雖然卡普蘭的學士論文並未正式發表，但接著他到波士頓大學唸研究所，繼續了類似的研究。他不單以光學、同時以電子顯微鏡觀察到神經再生的現象。自 1977 至 1985 年間，卡普蘭共發表了十一篇文章（都是知名期刊，如《科學》、《比較神經學期刊》、《神經科學期刊》等），七篇摘要，觀察的腦部區域除了視覺皮質外，還包括嗅球及海馬；動物則以大鼠為主，後來為了取信於人，也用上了成年的靈長動物。但古老教條的堅韌與難以撼動，在此可是表露無遺；主要的因素之一，是有學術界大老的支持。

對於成年神經元無法再生教條的擁護者之一，是耶

魯大學的名教授拉基許（Pasko Rakic，曾任美國神經科學學會理事長）。雖然拉基許也觀察到腦中有類似放射性標誌的細胞，他卻不認為那是神經元，而是腦中負責支持、營養及防禦的神經膠細胞 (glia)。由於在光學顯微鏡下，要百分之百分辨何為神經元、何為神經膠細胞，不是件容易的事，因此裡頭就有主觀認定的因素存在。就算兩組研究人員看到的是同一種現象，也可能得出完全不同的結論來；類似情事在科學史上，也不是沒有發生過。

對於神經元再生理論的致命一擊，是 1985 年拉基許在《科學》雜誌發表了一篇文章，標題就是：「靈長類神經再生的限制」。當時卡普蘭在新墨西哥大學醫學院任職，他想到以罹患腦瘤的病人為對象，注射氚化胸腺核苷，或許可以在人身上得到可信的證據，以說服拉基許之流的懷疑者。這個計畫雖然得到了人體試驗委員會的批准，但卻因為人事的理由，沒有能夠進行。卡普蘭也因此放棄了學術界的生涯，進入醫學院就讀，而成了臨床開業醫師。

十幾年來，隨著神經科學的進展，已有各式各樣的染色劑，可在顯微鏡下分辨神經元及神經膠細胞；同時身體各處也發現有原始未分化的幹細胞 (stem cell)，可供修補再生之需。因此腦中是否也有類似的幹細胞，可以產生新的神經元，又成了研究者感興趣的問題。像卡普

蘭早年在老鼠腦子的神經元新生發現，包括豐富環境的刺激作用，都得到了證實，只不過人類的神經元是否能夠再生的問題，一直沒有得到解決。要到 1998 年，才有人提出解答，所用的方法，與十五年前卡普蘭提出的臨床試驗計畫，竟是出奇的近似。

瑞典的艾立克森醫生 (Peter S. Eriksson) 發現醫院裡有些舌咽癌的末期患者接受了一種胸腺核苷的類化合物──溴化去氧尿嘧啶核苷 (bromodeoxyuridine, BrdU) 的注射，以追蹤腫瘤長大的情形。由於艾立克森曾在美國加州的沙克研究院進修，曉得 BrdU 正是研究人員使用的細胞分裂標誌劑，因此他取得了病人同意，可以在他們死後研究其大腦。從 1996 年起的兩年時間，艾立克森共取得了五位這種病人的大腦，帶到沙克研究院進行 BrdU 的螢光染色分析，並與幾種神經標誌劑共同染色，結果清楚顯示成年人的海馬的確有新生的神經元。幾乎同時，拉基許及洛克斐勒大學顧爾德 (Elizabeth Gould) 的實驗室也分別提出靈長動物神經元新生的研究報告。

自此，中樞神經元可以新生的講法，已得到普遍的接受，有些宣稱的發現對離開這一行超過十五年的卡普蘭來說，甚至嫌過頭了些。從老鼠的實驗顯示，豐富的環境同時增加了新生神經元的數目，以及學習的能力，顯示新增的神經元應該是具有功能的；同時也發現一些

神經生長因子能促進神經元的新生，為可能的臨床應用提供了方向。此外幹細胞的研究，無論是想辦法刺激新生或是進行移植，都在熱烈進行當中。雖然這些研究的臨床應用，還言之過早，但二十五年來，神經元新生理論從懷疑到肯定，確實走過漫長且迂迴的道路，也為科學的發現史上，添了新頁。讀了卡普蘭的近期告白：「古老教條與個人前程之死」，不免讓人掩卷嘆息。

（2002 年 1 月號《科學發展》月刊）

視網膜光接受器與褪黑激素分泌

2001 年 8 月中，美國神經科學學會發行的《神經科學期刊》及老牌英國生理學會出版的《生理學雜誌》各自刊登了一篇文章，分由美國及英國的兩批科學家所完成，但研究的問題、方法、所得的結果及結論，甚至文章標題，都幾乎完全相同，不免引起同行的高度興趣。

基本上，這兩篇文章報導的新發現是說，人視網膜上有種全新的光接受器 (photoreceptor)，與以往所知桿細胞 (rod) 及錐細胞 (cone) 上的光接受器均不相同。兩項實驗均在半夜以後進行，研究人員讓受試者接受不同光線的照射，藉由檢測血中褪黑激素濃度受抑制的程度，作為反應指標。經由照射不同波長的單色光線，他們建立了這種光接受器的感光反應強度表 (action spectrum)，顯示它對於波長 446-477 nm 的單色光有最好的反應。兩篇文章得出的峰值 (peak) 分別為 464 及 459 nm（相當於藍色光），但與已知的四種光接受器都不同。

至於這項發現有什麼意義，我們得從生物時鐘講起。生物體許多內在功能與外在表現都呈現二十四小時左右

的週期變化，譬如活動性、體能、血壓、體溫、腎功能、腦神經活性，及激素分泌等，我們稱之為日變週期。這些個週期變化源自生物體的內在韻律，並與外界的光週期產生同步，維持每二十四小時出現一次的節律。生活在與外界隔離環境下的生物，就可看出自由遊走 (free-running) 的週期變化，其週期可能長過、也可能短於二十四小時。

光線由瞳孔進入眼球，照射在視網膜上，經過層層傳遞及轉化處理，最終除了在大腦視覺皮質區使我們「看見」外在事物的影像外，光線還行經另一條不同的路線，來調控內在的週期。從兩眼視網膜發出的一對視神經在進入大腦之前，會先行交叉，讓雙眼接受同一視野的影像送往對側的大腦（例如：左視野的影像送往右腦）；但在視神經交叉的正上方，座落著一對神經核，名為視叉上核，就近接受了視網膜非視覺訊息的投射。視叉上核也就是脊椎動物主要的生物時鐘所在，只要以手術破壞實驗動物的視叉上核，幾乎所有已知的日變週期都消失了，也不再受光週期的調控。

日變週期的研究中，由腦中松果腺所分泌的褪黑激素一直是主要的一環。1953 年，耶魯大學的皮膚科醫生勒納 (Aaron Lerner) 為了想找出使膚色變白的物質，花了四年時間，從二十五萬頭牛的松果腺分離出少量的褪黑

激素，並「猜」出其化學構造，是色胺酸 (tryptophan) 及血清張力素 (serotonin) 的衍生物；但該結果卻沒能達成他的願望，因為褪黑激素對人類的膚色沒有作用。1960 年代初期，美國國家衛生院的愛克索羅 (Julius Axelrod) 及兩位弟子，以分光光度計測定了一天當中松果腺裡血清張力素及褪黑激素的含量，發現日夜有顯著的變化（前者日多夜少，後者則日少夜多）；但松果腺及褪黑激素的生理作用，仍然未知。

1970 年代起，由於放射免疫測定法的發明，科學家開始能測定血中褪黑激素的量，才發現它的生成與分泌在白天受到光照的抑制，到夜晚才有大量的分泌。季節性生殖動物就靠著血中褪黑激素出現及持續分泌的時間，得以察知日照時間的長短；這是目前最為研究者所確認的褪黑激素作用。至於對非季節性生殖的人類來說，褪黑激素的作用就不是那麼肯定了。五、六年前，國內外曾出現一股褪黑激素熱，如今雖被新的「仙丹」取代，但真正的學術研究仍方興未艾。

至於光線訊息如何傳送至松果腺，是另一項迷人的發現，經過的路徑也相當繁複；光線訊息等於是先要進出大腦一回，再由交感神經送回位於腦中的松果腺。1980 年《科學》雜誌已有報導指出，人類褪黑激素的夜間分泌，也和其他哺乳動物一樣受到光照的抑制，但需要較

強的光線照射。2000年的《生理學雜誌》則有報導，以一般的室內光線（～100 lx）照上六個半小時即有抑制作用。本文介紹的新發現更進一步指出，視網膜上存在一種特別的光接受器，對特定波長的光線反應，直接影響褪黑激素分泌。

　　自人工照明、噴射機及三班制發明以來，人類日出而作，日入而息的生活型態已有極大的改變，直接衝擊人體內的日變週期。對於老化、輪班、旅行、時序等因素造成的週期紊亂、身心失調，光照療法及補充褪黑激素都有些成效。此最新發現更可從改變光源著手，來操控（或避免受操控）人體的日變週期系統，前景可期。

（2002年2月號《科學發展》月刊）

大夢誰先覺

2002 年 2 月有篇發表在《一般精神病學彙刊》
(*Archives of General Psychiatry*) 的文章，宣稱人睡得太多，
並沒有好處，每晚睡眠時數低至五個小時的人，存活率
還比睡上八小時者好一些。由於這個說法挑戰了傳統「人
一天應該睡滿八小時」的認知，加上現代人普遍有「睡
眠不足」的問題，因此這個消息馬上登上了各大報；聳
動一些的，還出現「多睡早死」的標題。

這個結果，究竟是怎麼得出來的呢？其實這是從「美
國癌症協會」在 1982-1988 年間進行的一項大規模「癌
症預防研究 II」中，所蒐集的資料統計分析而得。由於
參與調查的人數多達 110 萬人（女性 63.6 萬，男性 48
萬），所以過了十幾年的時間，有關睡眠的資料才輸入電
腦，加以分析。其實，這已經是該協會進行的第二回如
此大規模的研究（上回是 1959-1965 年）；有關睡眠長短
及死亡率這部分，兩次調查結果大同小異。只不過「新」
的調查對於同時有兩種病症的各種情況，在統計分析上
做了更好的控制。問題是：這樣的結果要如何解釋，以
及能做什麼樣的推衍。

　　參與該項調查研究的「正常人」從 30-102 歲不等，平均年紀女性是 57 歲，男性是 58 歲，標準差 (SD) 在 10 歲上下。睡眠以及其他資料是由問卷填寫得來，死亡的資料則是六年後的追蹤調查。結果有超過 98% 的追蹤成功率，相當不容易。這些人在六年內的死亡率，男性是 9.4%，女性是 5.1%。

　　這項調查結果，其實跟一般人的想法，並沒有什麼太大的差別：自稱每晚睡八小時 (7.5-8.4) 的人最多（女 38.8%，男 38%），七小時者次之，男女也各有 31.8 及 33.8%；因此，睡七到八小時的人總加起來，超過了 70%。再來是睡六小時的人，男女都在 15% 左右；其餘的就只有個位數甚或更低的比例。因此，絕大多數人 (>85%) 每晚睡眠六到八小時。

　　至於死亡率的估算，他們使用了複雜的統計模型，同時輸入了三十二個「共變量」(covariate)，分屬於人口統計風險因子（性別、種族、教育等）、生活習慣（運動量、抽菸與否、上不上教堂等）、睡眠習慣（睡眠時間、失眠情況）、健康情況（有無生病、身體質量指標、各種疾病史等）及藥物使用（是否使用安眠藥、降血壓藥、利尿劑等）等五大項目，然後由統計模型推算出每個共變量的風險比值 (hazard ratio, HR)。以該報告的主角「睡眠時間」來說，他們將每晚睡七小時的 HR 設為參考值

(1.0)。以女性為例，睡五及六小時個體的 HR 都是 1.07，代表在那六年間，要比睡七小時的人高出 7% 的死亡風險。睡八小時的 HR 是 1.13，就高出了 13%。睡眠少至四小時的 HR 是 1.11，還比睡八小時的來得小（男性則不然，高至 1.17）。睡眠長過十小時及低至三小時的，HR 則分別是 1.41 及 1.33，風險就相當高。

對統計不那麼熟悉或靈光的人，只有暫且接受該篇論文「經過共變量調整後之風險比值」所得出的幾點結論：⑴睡得太多，不見得好；⑵睡少一點，並無大礙；⑶多數人的睡眠時間，還是落在「理想值」內。其實，作者也強調，這只是調查結果的相關性分析，並無法證明其因果關係。因此，主動減少睡眠時間是否能增長壽命，還是未知數，一般人也不必急於跟進。

其實該篇論文還有一項睡眠指標——失眠——與死亡風險的關聯，大多給一般報導忽略了。問卷裡以過去一個月內，自承的失眠次數為指標，有 49.4% 的女性一次也沒有，不失眠的男性則高達 70.4%；其餘從一次到多過十次不等。以上述統計分析後，有過失眠者不論失眠次數多寡，也無論男女，其風險指數都要比自承沒有失眠的人士來得低（少個 4-19% 不等）；看來失眠還有助於存活！？

上述發現對於容易失眠者是個好消息，也再度支持少睡一些，可能並無大礙的說法。由於這種問卷調查，

無論睡眠時間及失眠與否都是主觀的認定，對於睡眠的品質好壞不可能有任何的評估。因此，擔心自己睡不好的人可能不見得有那麼糟，反而是相當關心自己的身體。先前的睡眠研究也指出，人主觀的認定，常不符合客觀的記錄（如腦電圖）。許多抱怨睡不穩及失眠的人，實情並沒有那麼嚴重；他們處於熟睡的時間，也常比自我的認定來得長。

但另一項因子──安眠藥的使用──卻是壞消息。一個月內不論服用多少次安眠藥的人，死亡的危險指標都顯著高過完全沒有服用者（高出 10-25%）。值得注意的是，美國成年男女裡完全不用鎮定安眠藥的，只佔 46.9-48.6%（男多於女），連一半都不到。由此可以想見，擔心自己的睡眠，是相當普遍的問題。在服用鎮定安眠藥這一點上，國人應該是好得多（純屬個人臆測）。

歸根究柢，人究竟一天該睡多久才健康，只怕是沒有標準答案，絕對也因人而異。這項相當耗時耗力耗錢的「科學」報告，可以說打破了成年人一天還得睡滿八小時的迷思，可能讓某些睡得少的人心理好過一些。然而，這樣的調查報告也有其先天限制，只能看出族群的趨勢，卻不能為個人的情況背書。所以「盡信書不如無書」，多些常識，了解自己，只怕還是更要緊的。

（2002 年 6 月號《科學發展》月刊）

醫療複製與胚胎幹細胞

　　自 1997 年第一隻複製哺乳動物——桃莉羊——誕生以來，「複製人」的話題就不斷出現在報章雜誌，引起各方討論，也有人宣稱正在進行。除了宗教團體站在堅決反對的立場外，多數有識之士也不認為那是值得做的事，甚至還有國家立法予以禁止。因此，2002 年 3 月號《科學人》報導的：〈第一個複製人胚胎〉，會登上報紙頭條，受到全球矚目，也是意料中事。

　　「複製」(注) 一詞較為正確的說法是「無性生殖」，也就是不用兩性交配、精卵受精的方式產生子代，而嘗試以單一個成人的體細胞，培養出完整的個體。以這種方式產生的子代，與親代的基因組成完全相同，等於是個體的複製；只不過兩者的年齡差異永遠存在，更不用說彼此的成長經驗更是絕不相同。因此，那是另一個獨立個體，而不是本尊的分身。

注：Clone 一字原意是選取一段 DNA 或基因，製造複本，故此譯為「選殖」，中國大陸譯為「克隆」；如今轉借來代表整個個體的複製，已非本意。

　　複製原理說來雖然簡單，做起來可完全不是那麼回事。要將已經分化的體細胞恢復到初始未分化的狀態，可是難上加難，至今科學家也還在嘗試錯誤階段，沒什麼好方法。目前一般採用的方法，是將體細胞的細胞核植入去核的卵細胞中；理由是卵細胞的細胞質裡，含有某些未知物質，能促使體細胞的細胞核活化。移植後再施以輕微電擊，希望模擬受精時的刺激，造成合成的細胞開始分裂。只要能分裂至囊胚期（blastocyst，四天左右，32-64 個細胞），便可植入雌性代母的子宮。要是著床成功，就可能進行後續的生長與發育，也就是整個懷孕的過程。另外一種做法，是反過來將卵子的細胞質抽出，注入體細胞的細胞質中，目的相同。

　　多數關於複製動物的報導，都以成功的個案為主，像羊、牛、豬及小鼠等，給人一種技術已臻成熟的假象，但實際的困難卻少有人報導。以羊、牛與豬為例，研究人員可從屠宰場取得數以千計的卵細胞，經過無數次嘗試之後，才得到一次的成功。同時，就算成功了一次，也不保證下回以同種動物做實驗一定成功。至於產生畸形子代的例子，更是數見不鮮（國內之前的複製牛即是一例），在在顯示複製技術之不成熟以及胚胎發育的複雜性。

　　撇開尋求技術突破的目的不說，複製動物對良好品

種的維繫及稀有品種的保育，當然有潛在的用途，因此不斷有人嘗試；但複製人究竟有什麼好處？除了滿足某些人的虛榮心外，答案是沒有。然而近幾年來蔚為風潮的「幹細胞」研究，卻給複製帶來另一條應用之途，也就是所謂的「醫療複製」(therapeutic cloning)。

所謂的幹細胞，指的是一些原始未分化的細胞，具有分裂及分化成不同體細胞的潛能。多數成體組織及器官當中，都有這種幹細胞存在，以應更新與修補之需。但比起胚胎在囊胚期所擁有的幹細胞來說，只是小巫見大巫。胚胎幹細胞是所謂「全方位功能」(totipotent) 細胞，具有轉變成體內任何一種細胞的潛能。

因此，設法取得胚胎幹細胞的供應，並且找出讓幹細胞分化成不同種類細胞的機制，成了目前最熱門的研究主題 (至少也是議題)。迄今為止，已有日本及美國的研究人員報導，利用小鼠的胚胎幹細胞成功分化出血管的構造以及分泌胰島素的細胞，此外也有以人類的胚胎幹細胞分化出造血細胞的報導。其餘像肝細胞、心肌細胞、毛囊細胞，甚至神經細胞的幹細胞研究，也都有許多的嘗試及報導，帶給社會大眾無限的憧憬，以為「美麗新世界」即將到來。

且不談誘導幹細胞分化所面臨的技術困難，目前國外這方面研究的最大阻礙，在於不易取得人類的胚胎幹

細胞。對於西方信仰一神的基督宗教來說，任何人為干
預受精與胚胎的舉動，從早期的避孕、墮胎、人工受精，
到目前的複製及胚胎幹細胞研究，都算是僭越。就算不
抬出宗教信仰，許多以捍衛道德倫理為己任者，也祭出
侵犯生命尊嚴的大纛，提出反對。近期美國總統、國會，
以及英國議院所發布的禁制令及立法限制等，都是這些
觀念的產物。

以無性生殖複製胚胎，是否就能躲開上述的攻訐呢？
當然不可能！只要是胚胎，有性也好，無性也罷，就是
不成。那科學家為什麼還要花這許多金錢與力氣嘗試呢？
當然其中有潛在的好處：拿病人自身的體細胞做胚胎複
製，成功取得幹細胞的話，就少了組織不相容、引起免
疫排斥的問題。雖然這個問題在以人工受精產生的胚胎
幹細胞上，也可以利用改變細胞表面抗原等方法解決。

從科學的觀點來看，植物與多細胞動物是生命，單
細胞的細菌與原生動物一樣也是生命；生命只有在演化
洪流中出現的先後之分，及構造簡單複雜之別，無所謂
高等與低等。許多人眼中只見屠宰場及實驗室中宰殺犧
牲的動物，卻無視於植物也是生命以及自身的健康存活
得益於實驗動物的事實；許多人看重受精卵分出的幾十
個細胞，卻不會想到自己體內一天之內更新了數以億計
的表皮及血球細胞。至於人隨手捏死螞蟻、踩死蟑螂，

或使用消毒水及抗生素殺死了數以千萬計的細菌，就更不在意了。上述種種，都是認知的盲點。

以實際的角度看，《科學人》報導的複製胚胎實驗是失敗的，將來的可行性也值得懷疑，但胚胎幹細胞的研究，則絕對是值得國內重視的方向，目前也是我們的契機。以本土的觀點來看，我們更是不需要跟著西方的觀點起舞，自縛手腳。

(2002 年 3 月號《科學人》)

孤雌生殖與胚胎幹細胞

  2001 年年底「複製人胚胎」的消息鬧得沸沸揚揚，該結果除了正式發表在《電子生物醫學》這份網路期刊外，也登上了隔年 1 月號《科學美國人》的封面（3 月號中文版《科學人》），以及全球報紙的頭條。對生物科學不是很了解的人，可能搞不清楚發表這項結果的美國麻州「先進細胞科技公司」(ACT) 究竟完成了什麼樣了不起的工作；如果我們瀏覽針對該篇文章的各項評論，幾乎是一面倒的貶多於褒，出現許多像是「子虛烏有」、「徹底失敗的實驗」，以及「根本不應該發表」等負面的說法。顯然，這項標榜「第一」的實驗不算成功。

  至於 ACT 敢於冒大不韙進行人體胚胎的複製，主要是他們打著「醫療」而非「生殖」複製的旗幟；也就是說，即使他們成功複製了人類的胚胎，並不會植回婦女的子宮，進行著床懷孕的過程。他們的目的不在於製造「複製人」，而是想取得進入囊胚期的胚胎（卵進行分裂後四至五天，含 32-64 個細胞），將其中的幹細胞進行培養及引發分化，作為醫療之用。

ACT 在 2001 年的報告裡，除了以去核的人卵細胞植入體細胞，引發細胞分裂外，他們還利用尚未完成第二次減數分裂、仍帶有雙套染色體的卵細胞，給予化學及電刺激，促使其進行分裂形成囊胚。這種做法稱為「孤雌生殖」(parthenogenesis)，不但在昆蟲界常見，之前在小鼠及兔子的卵子也成功誘導過。雖然 ACT 報導有六顆人卵利用此法分裂成類似囊胚的構造，但其中並無一個含有幹細胞。

2002 年 2 月 1 號發行的《科學》中，ACT 與其他三個機構聯手，又發表了短僅一頁的報告，說他們以長尾食蟹獼猴 (Macaca fascicularis) 的卵子成功誘發了孤雌生殖，並從形成囊胚的胚胎中取得含有幹細胞的「內細胞群」，在體外培養形成一穩定的細胞株 (Cyno-1)，能維持在未分化的狀態達十個月之久。同時他們還將此細胞成功分化成星狀神經膠細胞 (astrocyte) 及神經細胞，後者並以免疫組織染色法證實，約 25% 含多巴胺 (dopamine) 的合成酵素；其細胞培養液經高效液相層析儀鑑定，含多巴胺及血清張力素兩種神經遞質。經由變換培養條件，他們還將這種細胞在體外分化成類似心肌的自動收縮細胞、平滑肌細胞、脂肪細胞，及帶鞭毛的表皮細胞等。

進一步，他們將此細胞株植入具免疫缺陷的小鼠 (C. B-17)腹腔，讓其生長八到十五週形成畸胎瘤 (teratoma)，而後取出做組織切片。他們發現其中具有完整三個胚層的組織，包括屬於外胚層的神經元、色素細胞、皮膚及毛囊，中胚層的骨骼及肌肉，及內胚層的腸道及呼吸道表皮細胞等。

這樣的結果當然給可能的醫療應用帶來希望，尤其是針對缺少多巴胺細胞的帕金森氏病。但持保留態度的人也不少，因為在靈長動物取得成功，並不代表在人身上也可獲致同樣的結果，物種的差異性之大，常超出預期。再者，由孤雌生殖所取得的幹細胞，就算分化出可供醫療之需的特殊細胞，由於其基因的組成，只可能用在女性身上，而不適用於男性，因此是有所不足的做法。

其實，無論是以體細胞植入卵子進行複製，或是利用卵子進行孤雌生殖，比起自然或是人工受精來，都是既困難且有缺點的產生胚胎方法；其唯一目的只是想規避拿人類胚胎做研究的道德問題。至於人的胚胎在什麼時候可以稱為人這一點上，倒不是每個民族或宗教的觀點都一致，像美國與英國，天主教與新教之間，就有相當的不同。

美國自 1973 年墮胎合法化後，國內擁護「選擇權」及「生命權」兩派的爭議就一直未消；後者認為胚胎從受精起就擁有了生命，因此反對任何形式的胚胎研究。為了怕有鼓勵墮胎之嫌，美國政府一向禁止聯邦補助的

經費,用於胚胎的研究(包括胚胎幹細胞),無論以生殖或醫療為目的,都一視同仁。至於私人企業的努力,除非對公眾有明顯的危險,則享有一定的自由,因此也才有 ACT 研究的出現。

至於英國政府對於受精後十四天內、神經管形成之前的胚胎,則允許使用。英國衛生部也同意,如果由人工受精所剩的胚胎數目不足,甚至還可以專門生產為取得幹細胞之需的胚胎。經由核種移植的複製(如生成桃莉羊的方式),只要不予以著床,也在准許之列,因此將醫療複製及生殖複製有所區分。至於英國的法律,則不分公私機構,都一體適用。

由於美國政府的限制重重,其有識之士已經擔心多數的這類研究將轉向英國、澳洲等國家進行。據報載,近日有家澳洲公司來臺與工研院生醫中心尋求肝臟幹細胞的合作研究。鑑於幹細胞研究的潛力無窮,在沒有太多包袱之下,我們要朝哪個方向前進,應該已很清楚。

(2002 年 4 月號《科學發展》月刊)

脂肪、瘦身素與糖尿病

　　糖尿病有兩種,第一種稱為少年型或胰島素倚賴型,另一種則是成年型或非胰島素倚賴型。顧名思義,兩種的差別在於發病的年歲(一早一晚),以及體內是否缺少胰島素。按國外資料,糖尿病患者約佔人口的 5% 左右,其中只有 15% 為第一型患者,其餘 85% 都屬於第二型。根據國內臨床資料顯示,國人第二型糖尿病患者的比例高達 98% 以上,多見於中年以後、體型發胖的人士。這些人年輕時通常相當苗條,隨著年歲漸長,吃多動少,體重直線上升,才出現糖尿病的症狀。

　　糖尿病與肥胖之間有密切相關,一般人大概都有耳聞,但機制一直不明。多年來教科書上寫的是:肥胖會造成所謂「胰島素耐受性」(insulin resistance);也就是說原本接受胰島素作用的組織,如肌肉、脂肪等,對胰島素的反應下降,不再將葡萄糖從血液中清除,因此血糖長期過高,導致大小血管病變(引起失明、動脈硬化、末梢循環不良產生壞疽等毛病),加上腎臟以及神經組織的病變,對身體都不是好事。

第二型糖尿病患者的控制血糖之道，包括低脂飲食及運動減重；只要體重有些許下降，就能改善胰島素的耐受性，至於潛在機制為何，就不是那麼清楚了。此外，其中還有個弔詭，更令人困惑：一方面肥胖會造成身體組織對胰島素的反應下降；另一方面，有種罕見疾病的患者，體內完全缺乏脂肪組織，也對胰島素出現耐受性，這種遺傳疾病稱為脂肪萎縮症 (lipodystrophy)。再來就是新近發現由脂肪細胞所分泌的激素——瘦身素，竟然可以改善實驗動物對胰島素的耐受性。

因此，脂肪組織似乎不但不是罪魁禍首，反而對胰島素的作用有所助益，這又是怎麼一回事呢？原來體內的脂肪過多，塞滿了脂肪組織裡的脂肪細胞之後，就會跑到肝臟、肌肉一類的非脂肪組織堆積；這些原本不是儲藏脂肪的組織累積了過多的脂肪以後，就出現了胰島素耐受性，不再對胰島素反應，吸收血糖；這種情況有個名詞，叫做「脂肪中毒」(lipotoxicity)。至於脂肪萎縮症的病人，他們由於缺少脂肪組織，體內的脂肪無處可去，都堆積在其他的組織，造成更嚴重的脂肪中毒，當然就出現胰島素耐受性，同時還難以治療。

研究進食與體重控制的學者很早就有人提出「脂肪計」理論，認為體內的脂肪含量受到良好的控制，可維持在一定程度。1994 年洛克斐勒大學的弗利德曼從天生

肥胖 (ob/ob) 的小鼠，選殖出所謂的「肥胖基因」，也就是突變的瘦身素基因，它使動物不斷進食造成發胖。正常的瘦身素由脂肪細胞分泌，作用於大腦下視丘控制進食的區域，造成飽食感；同時瘦身素還可作用在脂肪及非脂肪細胞（如肝臟、肌肉），減少其中的脂肪含量，等於是脂肪細胞產生的負迴饋因子，維持體脂肪的恆定。由於瘦身素的功效卓著、潛力無窮，因此其專利權就賣了兩千萬美金。（請參閱本書〈眾裡尋它千百度〉、〈瘦身素〉二文。）

雖然先前已知瘦身素可作用於非脂肪組織，減少其中的脂肪酸堆積，改善這些組織的胰島素耐受性，但作用機制為何，卻不清楚。2002 年 1 月 17 日發表在《自然》的一篇文章，就回答了這個問題。瘦身素藉由間接作用在間腦下視丘，活化交感神經系統，以及直接作用於肌肉組織兩種方式，引起肌肉細胞內系列酵素反應，導致有更多的脂肪酸進入粒線體氧化分解，而降低了細胞內脂肪酸的含量，也就增進了這些細胞對胰島素的反應。有趣的是，瘦身素經由下視丘的間接作用，無論作用強度及時間，都要比直接作用於肌肉來得強及持久。由於瘦身素是大分子蛋白，不能口服，只能注射，因此要用於臨床，只怕還有好長一段路要走。

身體將多餘的能量以脂肪形式儲存，是最有效的適

應方式，也是千萬年來演化的成果。同時，瘦身素的出現，也為體脂肪提供了調控之道。照理說，我們也應該可以像一般動物一樣，將體重控制在合理範圍內，不至於過胖才是。可惜千萬年來生物為求生存的演化結果，是進食慾望永遠大過節制力量，而富裕社會食物豐盛得令人目迷五色，加上四體不勤的生活形態使能量消耗相對降低，難怪肥胖問題日益嚴重，而減肥花招也層出不窮。不過一味追求不合乎生理的旁門左道，而不從能量供需的基本面著手，注定達不到減肥的目的，反而賠上了健康。

(2002 年 3 月號《科學發展》月刊)

細胞凋亡：必也正名乎？

科學名詞的出現與流行，背後常有許多故事。命名不但有優先權之爭，也有觀念的折衝。創造新名詞在英文裡用的是 "coin" 這個字，造個名字就像鑄個錢幣一樣，頗為傳神。同時，科學界三不五時會有一些流行的名詞出現；大家不管真懂假懂，只要朗朗上口，似乎就代表跟得上潮流。近幾年的「基因體」、「蛋白質體」是為一例，流行超過十年的「細胞凋亡」(apoptosis) 則是另外一個。

對生命體來說，細胞死亡乃家常便飯，人體裡每天都有不計其數的細胞汰舊更新。如不小心受了傷或遭受感染，傷口發炎流膿，也有大量的細胞死亡。早在一百五十年前，細胞病理學的祖師爺維丘 (Rudolph Virchow, 1821-1902) 就觀察到細胞死亡的方式有兩種，一是「細胞壞死」(necrosis)，一是「細胞漸進性壞死」(necrobiosis)。以前種方式死去的細胞，遺體就「開腸破肚」攤在原地，但以後一種方式死去的細胞，則是逐漸消失。

自維丘以降百多年來，對於有別於壞死的細胞漸進性死亡有更多形態學的描述，也因此出現了「核體分解」(chromatolysis) 這個詞。到了 1950 年代，有人發現這種細

胞死亡的方式，對於器官中細胞數目的調節，扮演重要的角色；無論是在生物發生，還是適應環境的過程中，除了細胞生長之外，控制下的細胞死亡是另一個重要的機制。因此，開始有人使用「調節式」(regulated) 或「計畫中」(programmed) 細胞死亡等名詞。

1972 年，英國愛丁堡大學的病理學家克爾 (J. F. Kerr)、維利 (A. H. Wyllie) 及居理 (A. R. Currie) 三人發表文章，首度指出過去定義不同細胞死亡的種種名詞，如漸進性死亡、核體分解、萎縮式壞死、凝固式壞死，及缺血性死亡等，不單混淆，且有所不足。他們在亞伯丁大學希臘文教授考麥克 (J. Cormack) 的協助下，「鑄造」了「細胞凋亡」一詞，含意是「有如凋零的樹葉」，作為一種細胞死亡方式的正式名稱，與「細胞壞死」區別。

「細胞凋亡」這個名詞，或是說觀念，從病理學的小圈子到廣為生物醫學界所接受，有幾個重要的里程碑：1980 年，維利發現腎上腺糖皮質素可造成淋巴細胞的凋亡；1983 年，杜克 (R. C. Duke) 等人報導，細胞凋亡中，有核酸內切酶 (endonuclease) 的活化（將 DNA 切成固定大小的片段），由此產生了細胞凋亡的第一個生化指標。從此，無論是以形態還是生化的方法，發現免疫、神經、心血管，以至於全身上下的器官組織，到處都有細胞凋亡的現象。至於這些現象是否都屬於同一種，絕大多數

研究者並不深究，只要沾點流行的邊，論文就好發表。

　　筆者從美國國家醫學圖書館的「醫學線上」(Medline)資料庫，查到出現「細胞凋亡」這個字眼的論文數，從1972 到 1981 年的頭十年，只有 53 篇；1982 到 1991 年第二個十年，也還只有 215 篇；1992 到 1996 年的五年間，已大幅增至 9,451 篇，1997 到 2001 年則是驚人的42,084 篇。由此可以看出「細胞凋亡」從沒沒無聞，到大紅大紫的情形。

　　以凋亡的方式造成細胞死亡，對生物的重要性無與倫比。像注定要走向死亡之路的細胞，除了內部開始瓦解之外，細胞膜上並會出現特殊的標幟分子，以方便吞噬細胞的辨識，將其除去，而不傷害鄰近正常的細胞。否則身體上下到處都會有發炎壞死的反應，導致容易致死的敗血病。細胞進行凋亡的重要性，可見一斑。

　　有些細胞產生的凋亡，譬如癌化細胞及產生自體免疫反應的淋巴細胞，對身體是有好處的，但成年後神經細胞的凋亡，無論是自然老化、還是由中風或毒物所引起，對身體就沒有好處。問題是：這兩種凋亡的機制是一樣的嗎？如果是的話，目前發展的一堆抗細胞凋亡的藥物，豈不是雙面利刃？一方面有保護作用，另一方面又可能引起癌症、自體免疫疾病、長期發炎以及個體發育上的缺陷？如果不是，那凋亡一詞豈不是有誤導之嫌？

2002 年 1 月號《藥理學趨勢》上有篇長文，作者認為「細胞凋亡」與「計畫中細胞死亡」當初都是概念性的名詞，就如同「正義」與「品德」等抽象名詞一樣，是無從定義的，也因此造成各家自說自話，不見得有所交集。尤其是在許多論文中，都將「細胞凋亡」與「計畫中細胞死亡」視為同義詞，與原本的共識不同。因此該文建議將細胞凋亡改稱「主動式細胞死亡」(active cell death, ACD)，代表這種方式的細胞死亡，需要細胞的主動參與，也是耗能的過程。至於細胞壞死則稱為「被動式細胞死亡」(passive cell death, PCD)，純由外力所造成，細胞本身並不扮演任何角色。至於 ACD 又可再細分，如「即時 ACD」與「延遲 ACD」等。

由過去的例子來看，像這樣的名詞概念之爭，短時間內不可能有結果，就算「細胞凋亡」一詞有濫用之嫌，那也代表該現象的重要性以及該名詞的魅力（雖然很多人連發音都有困難）。藉著簡短的歷史回顧，我們對這個抽象的名詞，或許有深一層的認知。

（2002 年 5 月號《科學發展》月刊）

搖頭丸是消遣用藥？

　　非法走私、販賣及使用管制藥品的新聞，媒體報導幾乎無日或缺；其間如果再涉及某個影視明星，新聞就炒得更熱。只不過報導歸報導，警告歸警告，似乎仍然有許多人（年輕者居多）視若無睹，繼續以身試藥，又是為了什麼？

　　人是經驗的動物，不同的成長經驗，就算親如同卵雙生，也會塑造出不大一樣的人出來。嘗試新鮮好玩之事，是成長過程中不可或缺的經驗，尤其是同儕間的相互學習、模仿與激盪，是增廣經驗的主要來源及動力。只不過使用影響神經系統的藥物，可算不得什麼增廣經驗的好方法。

　　古早以來，人類對於能夠影響心神的物質，一向充滿著好奇與嘗試的慾望。其理由也不難了解：人世間多的是讓人憂煩無奈之事，偶而能藉藥物之力逃避一二，很少人能夠抗拒。因此，無論菸草、大麻、罌粟、酒精、古柯葉之類物質的效用，一旦為人發現，也就在人類社會普遍流傳下來，成為所謂的「消遣用品」。至於問題的

真正浮現，還是科學進步以後的事。人類有能力將這些天然活性物質大量純化、合成以及產銷，問題才隨之而來。

精神性藥物之所以讓人著迷，當然有其「好處」：事實上，它們都刺激了腦中的報償系統，讓使用者感到欣悅而欲罷不能。在自然情況下，生物體飽餐一頓或是與異性春風一度，都是讓人愉快滿足的事，這也是個體為了維持存活及繁衍所演化出來的機制。至於生物體有這套系統的存在，最早是在實驗動物身上發現的。1954 年，歐茲 (J. Olds) 及密爾納 (P. Milner) 兩位研究者在大鼠腦中不同部位植入電極，然後讓大鼠學會壓下置於鼠籠內的槓桿，造成微量電流經由電極刺激了腦中的特定位置。結果他們發現，老鼠對於置於腦中某些部位的電極所產生的刺激喜歡得很，牠們會廢寢忘食地不斷按下槓桿，每小時達二千次之多，持續二十四小時不停，直到不支倒地為止。這項令人驚訝的實驗結果，也建立了腦中存在「報償系統」的理論基礎。

後續的研究發現，造成實驗動物「正向強化」行為的腦區，主要都位於從中腦傳向前腦的一條神經通路上。起點在中腦的腹側被蓋區 (ventral tegmental area)，終點是前腦的依核 (nucleus accumbens) 及前額葉皮質 (prefrontal cortex)，所使用的神經遞質則是多巴胺。這條中腦邊緣

(mesolimbic) 系統與中腦另一條調控身體動作的黑質紋狀體 (nigrostriatal) 系統是腦中主要的兩條多巴胺系統，彼此相互輝映。

多年下來，有關中腦邊緣多巴胺系統參與報償反應的證據已堆積如山。科學家先是以破壞實驗動物的中腦多巴胺神經元，或是利用藥物阻斷多巴胺的作用，間接證明了多巴胺參與報償的行為反應；再來則發現安非他命及古柯鹼之類的成癮物質，就是藉由阻斷多巴胺的回收系統，增加了腦中多巴胺的含量，而造成快感及不由自主的動作（分屬上述兩條多巴胺系統的功能）。用上類似歐茲及密爾納的做法，實驗動物可自行壓下槓桿，而得到少量的安非他命或古柯鹼進入血液循環，或是腦中參與報償反應的部位，也得出同樣欲罷不能的反應。80年代初，懷斯 (Roy Wise) 提出理論，認為無論是天然誘因還是成癮藥物，都作用在這條中腦邊緣多巴胺系統上，使生物體樂於從事某些活動而不厭倦。

根據這個理論為出發點，二十年來針對多數成癮藥物的作用機制，已經得出相當堅實的證據及了解。藥物對於多巴胺的合成、儲存、釋放，及代謝等各方面的作用，都有過詳細的探討，其中最重要的一環，乃是多巴胺的回收。多數神經遞質經由神經末梢分泌出來之後，只有少部分產生作用，大部分的神經遞質都由神經末梢

加以回收，這是最重要的反應中止機制之一。回收多巴胺的轉運子 (dopamine transporter, DAT) 基因於 1991 年首度給選殖出來，其蛋白結構、結合特性以及在腦中的分布也陸續有所報告，甚至還有剔除 DAT 基因的小鼠模型出現。果不其然，安非他命及古柯鹼都對 DAT 有很高的親和力；古柯鹼的作用主要在阻斷 DAT 對多巴胺的回收，使得多巴胺的作用強度及時間都有增加；而安非他命除了阻斷回收外，還促使 DAT 將細胞內的多巴胺釋放出來，使得細胞外的多巴胺增加得更多，造成的作用也更強。至於 DAT 基因遭受剔除的小鼠則長期處於過動的狀態（存活期間大幅縮短），對安非他命及古柯鹼也不再產生反應。

除了心理報償與運動控制之外，腦中的多巴胺還參與許多重要的功能，像是性行為、進食、體溫調節、腦下腺激素分泌，以及精神狀態等。這也是所有神經遞質的通性：大家都扮演不止一種的角色。這種性質也造成精神藥物使用的問題，無論目的是治病還是消遣，藥物除了造成我們希望得到的效用之外，還出現一堆的副作用。安非他命與古柯鹼一類的藥物也不例外。

當安非他命造成腦中各處（周邊神經也有）多巴胺神經大量釋放多巴胺之際，個體除了感覺極度的興奮愉快之外，也出現各式各樣的症狀，包括不由自主的動作、

體溫上升、不感到餓，以及表面看不出來的荷爾蒙分泌改變。這些「副作用」裡以體溫升高的潛在危險性最大，不單增加神經傷害，還有致命之虞。

　　長期使用安非他命一類的藥物造成的神經損傷是相當嚴重的問題。因為中腦黑質的多巴胺神經元逐漸減少而造成的帕金森氏病，本來就是上了年紀的人最常見的神經疾病之一。多巴胺神經元之所以容易遭受損傷，與本身所分泌的多巴胺容易氧化，產生具有傷害性的自由基分子不無關聯。服用安非他命一類的藥物造成多巴胺神經元周圍有大量長期堆積的多巴胺，只會加速多巴胺神經元的損傷。此外，安非他命的使用者有的還出現精神病的症狀，這與形成精神分裂症的「多巴胺理論」也若合符節。目前控制精神分裂症病患的主要用藥，還是以多巴胺類的藥物為主（雖然副作用少不了）。不論帕金森氏病，還是精神分裂症，都是造成長期個人痛苦及社會負擔的毛病，沒有哪個人願意因此度過一生，也沒有哪個家庭樂見家人罹患。

　　腦中除了多巴胺之外，還有好幾個相近的生物胺也是重要的神經遞質，包括正腎上腺素 (norepinephrine) 及血清張力素在內；它們的合成、分泌、回收及代謝方式都與多巴胺類似，甚至也受到同樣藥物的影響。因此，在談到安非他命及古柯鹼一類藥物的作用時，必須考慮

到其他生物胺的影響。像安非他命引起心血管系統失調的交感神經興奮，就有正腎上腺素的參與。至於血清張力素對於情緒、認知、睡眠，及荷爾蒙分泌等方面也扮演重要的角色，益增精神性藥物作用的複雜度。

近年來國內流行的濫用藥品，以「搖頭丸」最出風頭，把之前的藥品都給比了下去。事實上，搖頭丸與前些年流行的安非他命是表親，我們只要看看搖頭丸的化學名稱，亞甲二氧基甲基安非他命 (MDMA)，就可知道它是安非他命的衍生物質。除了在國內稱作搖頭丸外，MDMA 在國外還有個俗稱，叫「快樂丸」(Ecstasy)，或是「俱樂部用藥」(club drug)；這些俗稱，或許可能讓使用者減少了一些戒心。

相對於安非他命及古柯鹼來說，搖頭丸的研究較少，對於它的神經毒性，也莫衷一是。其中緣由，倒不是沒有人在實驗動物身上進行實驗，或是以搖頭丸的使用者為對象，進行生理及心理的測試，而是不容易取得有關藥物在人身上作用的客觀資料。

從動物實驗所得的結果，發現搖頭丸對於血清張力素的回收及釋放的作用，遠大於對多巴胺的作用；同時，搖頭丸也造成動物血清張力素系統長期的傷害，包括神經元數目的減少、腦中血清張力素的含量降低，合成酵素受抑，以及回收轉運子數目減少等。曉得血清張力素

在抑鬱症 (depression) 扮演重要角色的人，當對這樣的發現深感不安，因為這代表了使用搖頭丸者在一時的愉快之後，可能面對長期嚴重的情緒低落。（目前像百憂解一類治療抑鬱症的藥物，就是經由抑制血清張力素的回收，而增加腦中的含量。）

同樣地，以搖頭丸使用者所進行的一些檢驗，包括以正子斷層掃描測定腦中血清張力素回收轉運子的密度、抽腦脊髓液測定血清張力素代謝物的濃度、測試血中泌乳素及皮質醇等受血清張力素刺激分泌的荷爾蒙，還有一系列心理功能及精神症狀的測試等，也都得出血清張力素系統受損的結果。

然而這樣的結果也遭到許多的非難，主要的原因是拿人做實驗的限制，尤其對象是可能有害人體的非法藥物。因此，前述研究的對象是曾經或正在使用這種藥品的人，其用藥的習慣及歷史只能靠當事人的記憶口述，未能實際求證。再來，黑市販賣的搖頭丸品質是出名的雜亂，不單所含 MDMA 成分上下變化甚大，同時夾雜其他藥物（如安非他命）的情況也十分常見，因此，在受試者身上看到的一些現象，是否真是由 MDMA 所造成，也有讓人懷疑之處。

以科學求真的態度，作合理的懷疑及求證是一回事，但搖頭丸的流行與商業的舞廳及夜總會有密切相關，許

多業者打著「教育」使用者的幌子，提出只要正確使用搖頭丸，其毒性及成癮性並不高的說法；坊間甚至還有出售專門用來測試 MDMA 的試劑，以避免用到「不純」的藥品。但是我們只要了解上述安非他命一類神經藥物的作用，也就曉得其中並無所謂「安全」與「不安全」、「成癮」與「不成癮」之分，這些都是業者以及上癮者自欺欺人的說法。

根據國外針對一百名 18-24 歲的學生所做的問卷調查，服用搖頭丸最主要的即時心理效應是：親密的感覺 (90%)，以及警覺性增加 (50%)；由此不難想像，對於重視人際關係的青少年來說，搖頭丸所具有的吸引力。但使用過了一天以後，則以想睡 (38%)、失眠 (33%)、抑鬱 (21%) 及注意力不集中 (21%) 等感覺為主。至於更長期的精神問題，則包括抑鬱 (31%)、精神病發作 (28%) 以及認知缺失 (27%) 等。所以說以藥物取得的短暫滿足，是要付出代價的。

從人類使用藥物的歷史來看，以嚴刑峻法強制禁用或可收效於一時，但與花下的大批人力與金錢常不成正比。從菸草的例子也可以看出，以科學知識及證據為後盾的教育，常要強過道德的勸說。如果我們的下一代在成長過程中，得不到親情友情的滋潤，也看不到未來的希望，那麼自暴自棄的方式就不限於使用藥物這一項。

如果說青少年是因為好奇、不了解，或以為沒那麼嚴重而以身試藥，那麼就是教育工作者、媒體以及整個社會的責任。

人必須了解且承認自己的弱點，才有可能抗拒誘惑；這樣，人也才更像人，而不是動物。

（2002 年 7 月號《科學發展》月刊）

膝蓋會感光？

　　2002 年 7 月 26 日出版的《科學》，刊出了一篇哈佛醫學院睡眠醫學實驗室的萊特 (K. P. Wright) 及蔡思勒 (C. A. Czeisler) 提出的報告。他們指出在半夜一點鐘以 13,000 勒克斯 (lux) 的強光照射膝蓋後方三個小時，對於血中褪黑激素的濃度並無影響，同時也不會改變次日褪黑激素分泌的相位（phase，也就是出現的時間）。以較「弱」的光線（9,500 勒克斯）照射眼睛三個小時，則不但當下就抑制了褪黑激素的濃度，同時也造成第二天褪黑激素分泌的相位顯著後移。

　　不了解來龍去脈的讀者只怕會莫名其妙，認為這樣的實驗設計頗為奇怪，膝蓋後頭本來就不應該感光，因此得出負面的結果，也是意料中事；那堂堂名校的研究員為什麼要花力氣做這樣的研究，而富有盛名、挑剔萬分的《科學》為什麼又要刊登呢？

　　原來在 1998 年間，《科學》刊登過一篇康乃爾大學醫學院的坎貝爾 (S. S. Campbell) 及默菲 (P. J. Murphy) 所著的論文，其中就宣稱以光照膝蓋後方，可以有效地造

成受試者內在時鐘的相位移動：半夜 1 至 4 點照射，引起相位延後 (phase delay)；清晨 6 至 9 點照射，則造成相位提前 (phase advance)。該項報告被《科學》選為年度最佳論文之一，因為它「改變了我們對於自然界的觀念」；同時由於該項做法具有潛在的用途（調節時差、改善睡眠失調等），因此還取得了專利。

時差的造成，乃是現代飛行器發明以後，人可在短時間內橫跨大幅的時區，造成人體內在週期與外界光暗週期的不同步，而出現作息的問題。重新造成內外週期同步化 (entrainment) 最有效的刺激，就是光照。不同時間的光照，對週期可有不同的作用；像是上半夜的光照，會造成內在週期的延後；清晨時分的光照，則會造成週期的提前。由不同時間光照，引起不同反應所繪出的圖形，稱為相位反應曲線 (phase response curve)。由此延伸，由臺灣東飛美國，應該在當地下午傍晚時分（臺灣的清晨）多到戶外走動，使相位提前；反之，從美西飛返臺，則應該在清晨多照陽光。

上述發現，也就是時間生物學的基本要旨。除了時差的調節，某些內在週期紊亂者，以及在高緯度國家，由於冬季日照時間縮短，造成某些易感者出現季節性情緒失常 (seasonal affective disorder)，光照療法都是有效的治療應用。

　　曉得這樣的背景，讀者當能了解，如果無需使用光線正面照射，只照在膝蓋後方，就能達到同樣的相位移動效果，當然是了不起的發現；只不過後續的研究，大多無法重複這樣的結果。四年後《科學》刊登了反駁的研究結果，算是遲來的更正。

　　問題是，當初坎貝爾及默菲的實驗有作假之嫌嗎？萊特及蔡思勒並沒有那麼說。他們只是指出一些原先的實驗不夠完善之處，以及他們的改進之道。話說回來，當初提出膝蓋感光的原理，是說強光可能影響血液循環當中某種「光轉化」(phototransduction) 物質，再將訊息傳給生物時鐘（位於腦中下視丘）。這種未經證實的說法雖然牽強，倒也不無可能，只不過終究無法證實。至於有本國學人提出手指識字的可能性，就更讓人匪夷所思了。「膝蓋感光」事件，或許可為借鏡一二。

（2002 年 9 月號《科學發展》月刊）

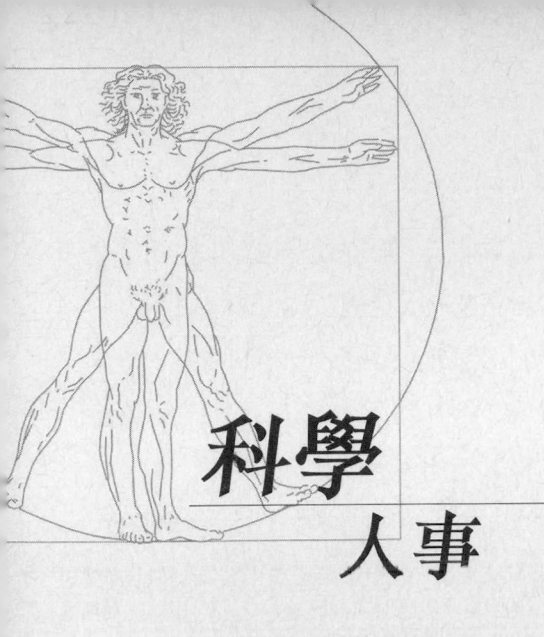

科學
人事

雙螺旋第三者

　　2003 年是遺傳分子 DNA 結構發現的五十週年紀念，筆者也曾為文介紹過雙螺旋的發現人華生 (James Watson, 1928-2004) 及克立克 (Francis Crick, 1916-2004) 這一對「奇特的搭檔」。然而，1962 年諾貝爾生理或醫學獎頒給這項劃時代的發現時，得獎人除了華生與克立克之外，還有第三位獲獎人，是倫敦英皇學院的威爾金斯 (Maurice Wilkins,1916-2004)。近年由於人類基因組計畫的新聞不斷，華生與克立克的大名還常有人提及，至於威爾金斯是何許人，知道的只怕不多。

　　事實上，最早引發華生興趣想要解開 DNA 構造的人，就是威爾金斯。1951 年春天，華生在丹麥哥本哈根從事博士後研究，隨老闆前往義大利那不勒斯參加某個生物大分子的研討會。同時與會的威爾金斯報告了利用 X 光晶體攝影對 DNA 所做的研究結果，讓華生了解到 DNA 是個有著規律構造的分子，可能可以直接解開。華生本來想找威爾金斯合作，後來則由美國的老師盧瑞亞 (Salvador Luria, 1912-1991) 介紹，前往 X 光晶體攝影法發

明人布拉格 (Lawrence Bragg, 1890-1971) 所主持的劍橋大
學卡文迪許實驗室進修。在那裡，華生碰上了克立克，
歷史因此創造。

　　包括筆者在內的多數人，大都是從閱讀華生撰寫的
《雙螺旋》(*The Double Helix,* 1968) 一書，得到 DNA 構造
發現經過的初步印象。根據華生的描述，威爾金斯是個
慢條斯理型的學者，對 DNA 的研究雖然起步甚早，卻似
乎缺乏熱情；更糟的是，他與「助手」佛蘭克林 (Rosalind
Franklin, 1920-1958) 之間的關係緊繃，難以溝通，以致研
究進展緩慢，而讓華生與克立克有可趁之機，後來居上。

　　《雙螺旋》一書對於威爾金斯及佛蘭克林之間關係
的描述，引來許多爭議；其中最主要的一項是：佛蘭克
林到底是不是威爾金斯的助手？再來，他們之間相處不
來的問題，是否就如華生所言：主要是因為佛蘭克林是
位個性剛強、愛鬧情緒的女性主義者？

　　由於佛蘭克林不幸於 37 歲就死於癌症，未能親自說
明辯護，因此，多年來有許多佛蘭克林的同事及朋友，
針對華生的敘述提出反駁；其中最出名的當屬賽爾 (Anne
Sayre, 1923-1998) 於 1975 年出版的《佛蘭克林與 DNA》
(*Rosalind Franklin & DNA*) 一書。賽爾是位美國作家，先生
是 X 光晶體學家，在英國牛津及法國巴黎都受過訓練，
因此與佛蘭克林相熟。賽爾為佛蘭克林作傳的動機，就

是為了平衡《雙螺旋》一書華生的片面觀點，希望帶給世人佛蘭克林的真實面貌。由於華生以及賽爾兩人的作品，佛蘭克林在這樁歷史性發現當中的貢獻，目前已廣為世人所知。2000 年，英皇學院更將一棟新大樓命名為「佛蘭克林－威爾金斯樓」；對一位五十年前在該院任職僅兩年出頭的人來說，那可是少見的殊榮。

然而在極力為佛蘭克林平反之際，賽爾的書也出現許多向壁虛構之處，包括製造了一位反面人物——威爾金斯。根據賽爾的說法，佛蘭克林與威爾金斯彼此憎惡、充滿敵意，並保持距離。當然，威爾金斯私下將一張佛蘭克林拍攝的 DNA 晶體攝影圖拿給華生看，而讓華生下定決心再度進行 DNA 模型的建造，並於一個月內取得成功這一節，不單是《雙螺旋》一書最富戲劇性的一章，多年來也讓威爾金斯背負了不小的罪名，一再成為批評的主軸。

去年，威爾金斯終於打破五十年來的沉默，於 87 歲高齡出版了自傳：《雙螺旋第三者》(*The Third Man of the Double Helix*, 2003)。此舉不免讓人好奇，究竟他自己是怎麼看待與佛蘭克林的關係；對於外界的指控，他有怎樣的辯解。

威爾金斯的自傳當中並未提及他與佛蘭克林有從屬關係，只指出當時他是英國醫學研究委員會設於英皇學

院的生物物理實驗室副主任，佛蘭克林則是由實驗室主
任藍道爾 (J. T. Randall) 聘請的研究人員。佛蘭克林在法
國有過四年的博士後研究經驗，專長煤炭的分子結構，
但從沒有碰過生物分子。

　　據威爾金斯所言，佛蘭克林剛加入英皇學院時，他
們相處情況良好，週末中午還會一起用餐。半年後，威
爾金斯在劍橋大學報告他的 DNA 晶體研究結果，並得到
好評；不料演講剛結束，佛蘭克林就上前明白告訴威爾
金斯，要他停止 DNA 晶體攝影的工作。威爾金斯聽了震
驚不已，卻也摸不著頭緒。從那之後，一直到佛蘭克林
離開英皇學院前，整整一年半的時間，他倆就時時處於
緊張狀態；佛蘭克林還爆發過兩次脾氣，指責威爾金斯
不該擅自解釋她的數據。

　　威爾金斯說，這種情況很可能是藍道爾一手造成的。
藍道爾是威爾金斯博士論文的指導教授，兩人關係匪淺；
但藍道爾也對 DNA 深感興趣，想從威爾金斯手中取回
DNA 研究的主導權。一直要到佛蘭克林過世、以及藍道
爾退休之後，威爾金斯才見到當初藍道爾寫給佛蘭克林
的聘函副本，信中明白指出要佛蘭克林接下 DNA 的 X 光
研究，並說就只有佛蘭克林及一位研究生負責這項工作。
威爾金斯這才恍然大悟，為什麼佛蘭克林會認為自己的
領域受到了侵佔，而提出抗議，導致兩人關係緊張，後

來則刻意求去。按威爾金斯的說法，當初還是他向藍道爾建議，讓有 X 光晶體攝影經驗的佛蘭克林加入 DNA 的研究，沒想到藍道爾卻想要利用佛蘭克林來排擠威爾金斯。藍道爾的一念之私，不但造成威、佛二人的心結，同時也讓英皇學院失去了發現 DNA 結構的機會。

至於佛蘭克林那張編號 51 的關鍵相片，威爾金斯說那是在華生來訪的前幾天，由佛蘭克林的研究生交給他的。因為佛蘭克林已經決定一個月後離開英皇學院，所以威爾金斯認為那是佛蘭克林決定將 DNA 的研究作一交接的表示。事後，他雖然後悔不該一時衝動把相片拿給華生看，讓華生與克立克搶得先機，但他也認為佛蘭克林把這張相片擺在抽屜裡有九個月之久，更是阻礙了科學的進步。

威爾金斯與克立克原本就是好友，經常會面用餐，討論科學問題；華生來到劍橋後，也自然而然加入。由於威爾金斯無法在工作上與佛蘭克林開誠布公的溝通及討論，鬱悶之餘，不免向具有共同興趣的克立克及華生多吐露了一些心聲，無意間提供了一些實驗室的「機密」。克立克與華生自承他們成功的因素之一，是不同的意見能有充分的表達；他們之間爭論的激烈程度，離損及友誼及摧毀合作也已不遠，但那卻是真正創造力的來源。反之，威爾金斯說，他與佛蘭克林之間則缺乏開放的氣

氛，碰上歧異也選擇逃避，不積極尋求解決之道。因此，才造成手上真正擁有實驗數據、可以解開 DNA 構造的人錯失了機會，而讓旁人贏得了大獎。這一點，想必威爾金斯及佛蘭克林事後都感到後悔。

除了華生的《雙螺旋》之外，克立克也出版過自傳《狂熱的追求》(*What Mad Pursuit*, 1988)；不過他只用了一章簡短介紹該發現的經過，未像華生一樣大作文章。除了前述賽爾的書外，近年又有一本佛蘭克林的完整傳記問世：《佛蘭克林：DNA 的神祕女性》(*Rosalind Franklin: The Dark Lady of DNA*, 2002)。該書作者麥道克斯 (Brenda Maddox) 取得佛蘭克林家人授權，得以參考大量佛蘭克林的私人書信及手札，讓我們對於這位女士的生平有更充分的認識，彌補了賽爾著作之不足。如今，雙螺旋最後一位當事人的傳記也終於問世，彌足珍貴。

威爾金斯的自傳寫得十分平實，並未刻意為自己辯護，反而多處表示後悔之意，認為自己當初不要那麼退縮就好了。前《自然》雜誌主編麥道克斯 (John Maddox) 曾指出，分子生物學的創建者都是舉止有節的君子，就算意見不同也絕不出惡言；從威爾金斯身上，可以得到部分見證。

（2004/05/16《中國時報‧人間副刊》）

DNA 的神祕女士

我想你有興趣知道，下個星期，我們的神祕女士 (dark
lady) 就要離開了。

這句話，出自 1953 年 3 月 7 日倫敦英皇學院威爾金
斯的一封信，收信人是劍橋大學的克立克，信中的神祕
女士，則是威爾金斯的同事佛蘭克林。威、佛二人針對
DNA 晶體的 X 光繞射研究，提供了克立克與夥伴華生重
要的資訊，而於該年 2 月底解開了 DNA 的結構。威爾金
斯的信抵達劍橋那天，克立克與華生正好組裝完成他們
那座具有歷史性的雙螺旋模型。

用 dark 一詞形容人，當然不是單純顏色的描述，可
有神祕、難解，甚至陰鬱、具威脅性等涵義，這些都可
能包含在威爾金斯想要表達的意思裡。五十年後，這句
話更成了一本傳記的書名：《佛蘭克林：DNA 的神祕女
士》。

世人最早對佛蘭克林的認知，來自華生的《雙螺旋》
一書。華生以個人初步印象、不加事後評論的寫作方式，

贏得千萬讀者的喜愛，但也得罪許多當事人；其中最引人詬病的，是對佛蘭克林的描述：

> 只要看上一眼，就知道她不是輕易屈服的人。她刻意不強調女性特質，但以她突出的五官，如果稍微注意一下服飾，將不只是好看而已，還可能相當漂亮。她一頭黑色直髮，從不配以唇膏。31 歲的年紀了，穿著仍像個書蟲蟲中學女生。

華生原本的用詞是「中看」(presentable)，而非「漂亮」(stunning)，那是後來應威爾金斯建議才改的。《雙螺旋》出版前，華生將初稿給當事人過目，克立克及威爾金斯都不贊成出版；為此，華生還加了一章後記，承認自己對佛蘭克林的最初印象有許多錯誤。

華生對佛蘭克林個人的描述，或可解釋成一個大男孩對成年女性的淘氣幻想，以及反映當時常見的大男人想法；但華生在書中提及，造成雙螺旋發現的關鍵之一，是威爾金斯讓他「偷看」了一張佛蘭克林所拍攝的 DNA 晶體攝影圖，而引發更嚴重的指控。許多女性主義者不單對華生輕蔑女性的書寫大肆抨擊，甚至還強調：佛蘭克林才是 DNA 結構的真正發現者，威爾金斯、克立克與華生等人都沾了她的光。由於佛蘭克林不幸早逝，沒有機會分享後來的榮耀（包括 1962 年的諾貝爾獎），更是

引起許多人的義憤。

然而，科學發現的優先權誰屬，還是要回到科學的現實面討論，不應流於意氣之爭。克立克在自傳《狂熱的追求》中，對這一點有相當中肯的說明及辯護；他說佛蘭克林雖然是另一個最接近答案的人，但也還差了兩步。再說，那可不是簡單的兩步：首先，佛蘭克林並沒有想到雙螺旋的兩條鏈是反向並列的；其次，她也還沒解開鹼基成對排列的方式。

歷史學者賈德森 (Horace Judson) 寫過一篇文章〈為佛蘭克林辯護：蒙冤英雌的迷思〉，收錄在他的巨著《創世第八日》(*The Eighth Day of Creation*, 1996)；文中詳細記錄並分析了佛蘭克林的工作及貢獻。他雖然肯定佛蘭克林的研究成績，但也得出與克立克相同的結論：佛蘭克林還差了兩個半步。

去年是雙螺旋發現五十週年，當初刊登雙螺旋發現文章的《自然》雜誌，刊出了好幾篇紀念文章，包括佛蘭克林新傳作者麥道克斯的〈「蒙冤」英雌〉及 X 光晶體攝影學家富勒 (Watson Fuller) 的〈是誰說的「螺旋」?〉等。富勒除了細數每位當事人的貢獻外，更指出當年所有優勢條件都站在佛蘭克林這邊，包括威爾金斯給了她手上最好的 DNA 結晶、一位經驗豐富的研究生 (Raymond Gosling)、一位 X 光繞射理論專家 (Alec Stokes)，以及一位

資深的研究夥伴（威爾金斯）；然而，佛蘭克林卻選擇關起門來獨自研究。因此，在這一點上，她算不上什麼受害的女性，而只能說是自己種下的因，而造成的果。

　　既然史家對於佛蘭克林的貢獻大抵已有共識，那麼新出版的這本傳記可有什麼看頭？由於麥道克斯取得了佛蘭克林親人的授權，得以接觸佛蘭克林遺留下來的大量書信、筆記及手稿，而拼湊出一副鮮活的人物剪影。我們看到她的猶太裔家族在英國立足的歷史、她的童年往事、中學起上寄宿學校寫的許多家信、優異的中學學業成績、進入劍橋紐罕學院的經過、大學及研究所的學習、戰時的生活、遠赴法國巴黎工作的經驗，以及返國加入英皇學院工作，度過重要但難受的兩年，之後轉往柏貝克學院，一直到五年後過世的點點滴滴。

　　閱讀佛蘭克林成長與學習的記錄，腦海裡不時浮現自己求學過程中，認得的少數國內一流女中畢業、選擇理工科就讀的女同學身影。當年，女性修習硬梆梆的數、物、化、工程等學門，都是稀有族類，總引來背後不少指點。佛蘭克林的猶太裔及女性雙重身分，自然也給她帶來格格不入的困擾。但我們從佛蘭克林的學習過程，也看到英國學術根基之深厚，仍非五十年後國內大學所能企及。

　　我們同時也看到佛蘭克林在風氣開放的法國，每天

騎自行車上下班，烹調美食待客，放假時郊遊爬山，度
過愉快的四年，甚至萌生永久居留的念頭。但另一方面，
情竇晚開的佛蘭克林對已婚法國導師莫林 (Jacques Mer-
ing) 心生愛慕之情，卻不知如何表達；甚至在出遊時，對
莫林正與其他女性交往，亦渾然不覺，還打地鋪睡在莫
林房門外。這一點，似乎是過去許多追求知識的女性常
出現的困境：對自身情慾的壓抑。

　　麥道克斯更指出之前的一本傳記《佛蘭克林與
DNA》，有許多不實的敘述，包括當年英皇學院生物物理
組除了佛蘭克林外，還有八位女性成員（該組共有三十
一人），與今日多數理工科系相比，也不算低。同時，這
些成員多有出色的成就，也都不認為受到明顯的歧視。
當然，這並不是說佛蘭克林在英皇學院過得不愉快，都
是她本身的問題；我們只能說是因緣湊巧，她剛從異國
返鄉，驟失良師益友，又尚未建立起人際關係，感覺低
落也是正常的。不幸的是，她的封閉態度讓她錯失了一
項重要的發現。

　　佛蘭克林短短三十七年的生命，已有兩本傳記及無
數文章以她為主角，2000 年，英皇學院更將一棟新大樓
命名為「佛蘭克林－威爾金斯樓」，可謂不虛此生。然而，
我們也不免要問：為什麼會這樣呢？過往的科學家沒沒
無聞的佔絕大多數，一般人也毫無興趣得知他們的生平；

要是沒有華生的《雙螺旋》一書，世人不會曉得有佛蘭
克林這個人的存在，更不要說了解。因此，佛蘭克林身
後之名，還是拜華生所賜。當年《雙螺旋》出版後，給
佛蘭克林親人帶來相當大的痛苦；佛蘭克林生前好友克
魯格 (Aaron Klug) 前往安慰，說：「至少世人會記得她。」
佛蘭克林的母親則回說：「我寧可她被遺忘。」以目前看
來，克魯格是對的。

(2004/05/05〈中副・書海六品〉)

基因組戰爭

「人類基因組計畫」是上個世紀末最重要且轟動的科學研究，目的在將人類染色體上頭三十億對鹼基的排列順序給決定出來；定序雖然不等於就解開了基因的編碼，但也庶幾近之。這樁經常與製造原子彈的「曼哈頓計畫」及登陸月球的「阿波羅計畫」相提並論的計畫，前後不單耗時十餘年，花費幾十億美金，同時中途還有私人企業的殺入，意欲與美、英、法、德、日、中等國所組成的公家定序聯盟一較長短，使得過程中高潮迭起，毫無冷場。

這樁計畫不僅曾在媒體報導中喧騰一時，以此為題材的書籍也已出現了好幾本，其中兩本：《基因組圖譜解密》(*Cracking the Genome*, 2001) 及《生命的線索》(*The Common Thread*, 2002) 已有中譯（時報文化出版），均由筆者操觚（後一本與杜默合譯）。此外，我也分別為那兩本書寫了導讀，自認對該計畫的來龍去脈已有相當了解。因此，當 2004 年又有一本厚達四百多頁的《基因組戰爭》(*The Genome War*) 出版時，個人不免相當好奇，想知道作

者壺中究竟有何乾坤，值得把這段故事再說一遍。

話說從頭，將人類不同染色體上所有鹼基序列給決定出來的工作固然重要，卻不是一般實驗工作者的最愛，因為定序是繁瑣反覆的操作，比較像是技術員的工作，而非尋求創新發現的科學家想做的事。因此，在計畫初期，許多人熱中的是帶來更大成就感的疾病基因搜尋工作，而非真正的定序。當初，公家定序聯盟英國方面的領導人薩爾斯頓（John Sulston，也是《生命的線索》一書作者）答應接下線蟲基因組的定序工作時，曾說感覺上好比「聽見牢房的門在身後關上的聲音」，由此可見一斑。

此外，人類基因組計畫拿的是納稅人的錢，因此公家計畫裡的繁文縟節都免不掉；再加上該計畫一開始定位成國際合作計畫，參與的單位多達十餘個，彼此之間的協調都是問題，更別提明裡暗地為爭取經費而攻訐較勁。饒是如此，定序工作還是陸續得以展開，甚至在 1996 年，基因組社群還達成了百慕達協定，強調由公家支助的定序單位，都應即時將決定出來的序列公布在公共的資料庫，讓所有人參考使用。這樣的做法，將杜絕任何人拿原始基因序列申請專利的舉動，也保證了人類基因組為全體人類共享的理想；然而，也就是這項協定，劃下了公家單位與私人企業難以跨越的鴻溝。

如前所言，定序是繁瑣的技術性工作，如以手工操

作，解開數以萬計的基因序列，幾乎已達上限，遑論數目高達三十億的人類基因組。一直要到 1980 年代中葉，加州理工學院的胡德 (Leroy Hood) 及漢卡匹勒 (Michael Hunkapiller) 發明了 DNA 自動定序儀，並成立公司量產，這才使得全基因組的定序成為可行方案。

到了 1998 年，漢卡匹勒設計改進的最新型定序儀，效率已經增進了約一百倍，促使他和公司老闆萌生自行將人類基因組定序的念頭。於是，他們找上了基因組社群裡的「異類分子」凡特 (J. Craig Venter)，來主持新成立的公司「賽勒拉」(Celera，是拉丁文「速度」之意)，宣稱將在三年內就完成全部人類基因組的定序（比公家計畫提早四年）。凡特並暗示公家單位可以退出人類基因組定序，將省下來的錢進行小鼠的基因組定序工作。

之前，凡特即以黑馬姿態在基因組社群裡出盡風頭，也因私人公司股票致富而引人側目；這一來，更是激起公家單位的同仇敵愾，誓言維護基因組這項人類共同的遺產，不讓它落入私人企業手中。《基因組戰爭》一書的作者許瑞夫 (James Shreeve) 也就是在這個時刻，爭取到凡特的首肯，得以隨侍在側，記錄凡特的一言一行，以及賽勒拉的創業過程。該書有個頗長的副標：「凡特試圖攫取生命編碼並拯救世界的經過」，可以想見其中的觀點與內容。

　　問題是，對於已經曉得這樁故事的緣起、過程以及結局的人來說，這本新書還有什麼看頭嗎？不可諱言，與之前的兩本書相比，其中確有許多重複之處，但也多了許多細節，主要是有關凡特以及其他賽勒拉成員更多的背景介紹，以及該公司究竟怎麼樣在短短兩年間，完成了果蠅的基因組定序以及人類基因組草稿這兩項巨幅工作。就算基因組定序純屬技術性的工作，但從無到有，其中所需克服的問題，還是多得出乎想像，並不像賽勒拉的公關報導那般粉飾太平。

　　先前已有人指出，凡特與發現 DNA 結構的華生有許多相似之處；兩人都有一張藏不住話的嘴巴，以及毫不遮掩的野心。從許瑞夫的書中，可以更清楚看出凡特處境的尷尬；他身在以市場及股價為導向的私人企業，然而又想取得學術界的肯定，到頭來可能還是兩頭落空（他已於 2002 年 1 月去職）。但無論如何，賽勒拉完成了一項可以向後輩子孫誇耀的事業（凡特自己的話），這項成就，也值得參與者驕傲的了。

（2004/04/07〈中副‧書海六品〉）

盤尼西林的發現

1928 年 7 月下旬某日，一粒不知來自何處的黴菌孢子，落到了英國倫敦大學聖瑪利醫學院細菌學教授弗萊明 (Alexander Fleming, 1881-1955) 實驗室的某個培養皿上。當時，弗萊明正為了撰寫一篇有關葡萄球菌 (*Staphylococcus*) 的回顧論文，而培養大批的金黃色葡萄球菌 (*S. aureus*)。不過整個 8 月裡，弗萊明都在鄉間度假，直到 9 月 3 日才返回實驗室。

放假回來的弗萊明將一堆用過的培養皿，堆在水槽中準備清洗；有位之前的助理正巧來訪，弗萊明順手拿起最上層一個還沒浸到清潔劑的培養皿給助理看。突然，他的注意力被某個奇特的景觀所吸引：該長滿細菌的培養皿有個角落長了一塊黴菌，其周圍卻清潔溜溜，細菌不生。弗萊明馬上想到該黴菌可能分泌某種物質，殺死了細菌或抑制了細菌的生長。於是弗萊明便將該培養皿上的黴菌取出培養，並試著分離其中的有效成分；盤尼西林（penicillin，又稱青黴素）因此問世。

其實早在 1921 年，弗萊明就經驗過一回類似的發

現。當時他拿自己感冒時流出的鼻水作培養，發現其中存在某種天然的殺菌物質，造成了培養皿上有塊清澈無菌的區域。後續研究發現，在眼淚、唾液、痰液、血漿等各種體液，以及蛋白、魚卵當中，都有這種物質存在。由於這種物質具有蛋白質酵素的性質，弗萊明的老闆萊特 (Almroth Wright) 將其命名為溶菌酶 (lysozyme)。溶菌酶雖然到處都有，但殺菌力並不強，對多數病原菌都沒有效；此外，弗萊明也一直沒有定出溶菌酶的化學組成。不過由溶菌酶的經驗，顯然使得弗萊明對黴菌造成的現象，比旁人來得更為敏感。

上述盤尼西林的發現經過，是一般流傳的版本，其中還有些細節變化；好比有人說黴菌孢子是從實驗室窗口飛入的。只不過根據熟悉現場的人士表示，那個可能性並不大，因為實驗室面對街口的窗戶是長年不開的。因此，該孢子最有可能是從樓下一位黴菌學家同事拉杜許 (C. J. La Touche) 的實驗室，經樓梯間傳上來的。但當弗萊明請拉杜許鑑定該菌種時，拉杜許卻只看出該菌屬於青黴菌屬 (*Penicillium*)，而把種名給弄錯了。弗萊明發表的第一篇有關盤尼西林的文章裡，青黴菌的學名就是錯的。一直要到兩年後，才由美國的黴菌學家索姆 (Charles Thom) 予以正確命名 (*P. notatum*)，並發現那還是個希罕的變種。

　　除了來源頗為離奇外，該黴菌會在長了細菌的培養皿上立足，也是非比尋常之事。細菌的培養，通常是在鋪了一層洋菜膠培養基的圓盤形器皿進行。除了刻意植入的菌種外，整個過程都應遵守無菌操作規範；當然，意外的污染無可避免。問題是，如果培養基表面已經長滿了細菌，黴菌就無從生長起；因此，黴菌的污染必須先於細菌的接種。後人（包括弗萊明自己）想要重複該原始發現時，都遭遇同樣的問題：他們不能夠在長了細菌的培養基上加入黴菌，而必須將做法顛倒過來，先讓黴菌在培養基上生長，然後再加入細菌。

　　此外還有一個問題：葡萄球菌與青黴菌的生長溫度不同。葡萄球菌在體溫下生長迅速，一般室溫下則停止生長；青黴菌則反之，只在涼爽的溫度下生長。因此，想要得出弗萊明的發現，除了上述黴菌的生長要先於細菌外，該培養皿也不能放在恆溫的培養箱中。當時弗萊明的研究之一，是將培養了一陣的金黃色葡萄球菌，取出置於室溫下讓其停止生長，從細菌顏色的變化，以尋找變種。因此，弗萊明前往度假時，他的培養皿是放在實驗臺上，而非培養箱內。

　　畢業於聖瑪利醫學院、並在弗萊明任職單位工作多年的黑爾 (Ronald Hare)，在寫作《盤尼西林的誕生》(*The Birth of Penicillin*, 1970) 一書時，曾查閱 1928 年夏天倫敦

的氣溫資料。他發現該年從 7 月 27 日到 8 月 6 日間，倫敦有一段反常的涼爽期，最高氣溫只在攝氏 16 到 20 度之間；之後就上升至 25 度左右。這樣的溫度變化，可能就提供了黴菌生長的機會，之後才有細菌的繼續生長。所以說，盤尼西林的發現，還要加上天氣的幫忙。

總之，以後見之明觀之，盤尼西林的發現可說是不可能中的不可能；不過就像有上千萬組合的樂透獎一樣，到頭來還是有人中獎。醫師作家努蘭 (Sherwin Nuland) 在《器官神話》一書中說過：巴斯德的名言「機會眷顧有備的心靈」雖然不差，但更多時候，成功還要加上幸運的成分；這個說法在弗萊明身上，再度得到驗證。

然而盤尼西林在弗萊明手上，也像之前的溶菌酶一樣，走進了死胡同。除了維持少量的青黴菌培養，並將活性不高的培養液當成工具，用來篩選不受盤尼西林作用的某種細菌外，弗萊明並沒有嘗試大量合成，也沒有進行動物實驗及臨床試驗；當然，也沒有引起太多人的注意及興趣。這種情形一直要到十二年後，由牛津大學病理學系主任弗洛里 (Howard Florey, 1898–1968) 領導團隊的努力，才扭轉過來；弗萊明也因此暴得大名，可說是醫學史上最幸運的一位研究者。

(2004/07/07〈中副·書海六品〉)

弗洛里與盤尼西林

說起盤尼西林，十個人中有九個人會說那是弗萊明發現的；這麼說雖然沒錯，但卻把科學發現看得太簡單了。首先，生物之間生生相剋的現象十分常見；擁有數千年歷史的民俗療法中，黴菌抑制細菌生長的說法經常可見。遠的不說，在弗萊明發現青黴菌具有殺菌作用的 1928 年，就有兩位法國學者針對細菌可受黴菌或其他細菌抑制的主題，寫了一本巨細靡遺的專書。其中一章並以「抗生」(antibiosis) 為名，列出了數百條的文獻，專門介紹之前發表過的這種現象。至於「抗生」一詞，是法國生物學家吳勒門 (P. Vuillemin) 於 1889 年所創，也是後來抗生素 (antibiotics) 一詞之所本；後者是由發現鏈黴素而獲得 1952 年諾貝爾生理或醫學獎的瓦克斯曼 (Selman A. Waksman, 1888-1973) 所命名。

話說弗萊明發現了某個可以分泌殺菌物質的希罕青黴菌種之後，並沒有大張旗鼓著手進一步的分離純化工作。其中可能有好幾個原因：弗萊明缺乏分離純化的化學知識是其一，而培養液中的有效成分在室溫下很容易

就失去作用，注入體內後又很容易就給排出體外是其他原因；因此，弗萊明並不認為盤尼西林具有太大的臨床應用價值。要不是有弗洛里及同事的努力，盤尼西林不會給分離出來，弗萊明也就不會享有後來的盛名；世事之詭譎多變，超出人的想像。

弗洛里原是澳洲人，1921 年於阿得雷德 (Adelaide) 醫學院畢業後，獲得牛津大學的羅德斯獎學金 (Rhodes Scholarship)；那是英國歷史最悠久的國際獎學金，專門提供給美國及英國殖民地的學生前往牛津大學進修，美國克林頓總統也曾得過。弗洛里在牛津的學習成績優異，名列前茅，更重要的是，他得到牛津大學生理學教授薛靈頓 (Charles Sherrington, 1857-1952) 的賞識，將其納入麾下。薛靈頓是 1932 年諾貝爾生理或醫學獎得主，可說是現代神經生理學之父，像神經元 (neuron) 及突觸 (synapse) 這兩個神經生理學裡最基本的名詞，就是他定下的。

弗洛里在薛靈頓的建議下，轉向當時還不算成熟的病理學發展。之前的病理以屍體剖檢為主，談不上什麼研究，薛靈頓希望弗洛里將堅實的生理學研究帶入病理，也就是把基礎與臨床結合起來；弗洛里也不負恩師所望，從牛津到劍橋，再到雪菲耳大學 (Sheffield University)，一直都有出色的表現。1934 年，牛津大學病理學系的主任出缺，薛靈頓便建議弗洛里遞出申請。

　　牛津大學教授的遴選過程，是由七位委員以不公開的方式開會投票決定。遴選委員當中有位梅冷比 (Edward Mellanby)，是英國醫學研究委員會 (MRC) 的祕書長，曾與弗洛里在雪菲耳大學有過同事之誼。梅冷比開會當天才從倫敦搭火車前往牛津，但不幸碰上火車故障，遲了兩個小時才趕到會場，其餘六位委員已經投票選出另一位候選人；然而梅冷比獨排眾議，強調弗洛里才是最佳人選。在梅冷比的強勢作風下，其餘委員也被說服重新投票；於是弗洛里以 37 歲之齡，出任了牛津大學病理學系的系主任。他在該職位做了二十七年，直到 1962 年升任牛津皇后學院 (Queen's College) 院長時才卸職。由於梅冷比的識人之能與擇善固執，不單改變了弗洛里的一生，也造福了全體人類。

　　牛津的病理學系又稱鄧恩病理學系 (Sir William Dunn School of Pathology)，由英國富豪鄧恩爵士的遺產捐贈所成立。學系所在的三層樓建築於 1926 年落成時，是牛津最吸引人的研究大樓，也是現代生物學研究設備的模範，無怪乎弗洛里以出掌該系為其畢生職志。近八十年後，該建築仍繼續使用之中，牛津病理系也還是首屈一指的研究單位。

　　弗洛里接掌了牛津的病理學系後，便積極建立研究團隊。弗洛里本身是極為優秀的實驗生理學家，精於各

種動物實驗；然而他也曉得，想要對生理有進一步的了解，單靠手術及觀察動物的反應是不夠的，還必須引進化學或物理的方法。於是他從劍橋大學招募了錢恩 (Earnest Chain, 1906-1979) 及希特利 (Norman Heatley, 1911-2004) 兩位生化學家加入團隊。

接任弗洛里擔任牛津病理系系主任的哈里斯 (Henry Harris) 曾說過：「沒有弗萊明，不會有錢恩及弗洛里；沒有錢恩，不會有弗洛里；沒有弗洛里，不會有希特利；沒有希特利，則不會有盤尼西林。」一句話把這四個人的關係做了簡要的介紹。弗萊明、錢恩及弗洛里三人由於盤尼西林的工作，獲頒 1945 年的諾貝爾生理或醫學獎；然而除了弗萊明外，一般人並不曉得弗洛里及錢恩是何許人，有過什麼貢獻。至於希特利，更是幾近完全遭到忽視及遺忘；歷史的無情，一至於此。

錢恩是出生於柏林的俄裔猶太人，在德國完成所有的教育；他除了以生化作為專業外，還是個出色的鋼琴演奏家；為弗洛里及弗萊明都分別寫過傳記的麥克法蘭 (Gwyn Macfarlane) 說：錢恩「把藝術家的脾氣、靈感與創意帶進了科學。」1933 年，在納粹的威脅下，錢恩離開了德國來到倫敦，口袋裡只有 10 英鎊。錢恩得到了著名遺傳學家霍爾丹 (J. B. S. Haldane, 1892-1964) 之助，在劍橋大學的生化學系謀得臨時的研究職位，待了兩年。因此，

當新上任的牛津大學病理系主任弗洛里願意聘請他時，錢恩可是心懷感激，欣然答應。

錢恩的長才在弗洛里的麾下得以盡情發揮，完成了許多重要的工作。由於溶菌酶的研究，錢恩收集了大量有關抑制細菌生長的文獻。根據錢恩的回憶，他於 1938 年某日讀到了弗萊明有關青黴菌的論文，認為那可能也是一種類似溶菌酶的物質，應不難分離。他輕易地從系上另一位同事處取得前系主任留下的青黴菌，做了初步的實驗，也很快發現青黴菌分泌的不是溶菌酶。雖然盤尼西林的化學組成、不穩定性以及萃取的困難，讓弗萊明及好些先前嘗試過的研究人員卻步，不過，那也激起錢恩的好勝心；他心想：要是不能把盤尼西林分離，並以穩定的形式存在，自己可算不上什麼出色的化學家。

做研究處處需要花錢。英國的研究傳統雖然深厚，但比起德國及美國來，研究的經費卻甚為有限。核子物理之父拉塞福 (Ernest Rutherford, 1871-1937) 曾說過：「我們沒多少經費，所以得多用自己的腦袋。」弗洛里雖然出掌英國一流的研究單位，但其經費拮据的情形，只有國內老一輩的學界人士能夠體認。為了省下一年 25 英鎊，弗洛里停止電梯的使用；同時非對外正式信函，不使用印有單位抬頭的信紙，而以橡皮圖章為之。饒是如此，弗洛里還是有一年超支 500 英鎊的記錄。

1939 年，弗洛里接掌牛津病理系已滿四年，雖然不斷有研究成果推出，卻缺少重大的發現。他曉得若想得到持續的經費支援，以支付研究團隊的開銷（包括薪水及研究所需），實驗必須有所突破；於是，分離盤尼西林便成了他的希望所寄。國內外大學的研究經費多來自校外，弗洛里也不斷向各處申請經費。不幸的是，英國的醫學研究委員會本身也入不敷出，就算弗洛里直接寫信給梅冷比請求撥款 100 英鎊，以便開始盤尼西林的分離工作，梅冷比也只答應給予 25 英鎊。當時，日本已經入侵中國，德國軍隊也橫掃歐洲；弗洛里寫信給梅冷比的前三天，英國正式向德國宣戰。

在那艱難的時刻，弗洛里唯一的希望，是總部設於美國的洛克斐勒基金會。這個由美國首位億萬富豪洛克斐勒於 1913 年設立的基金會，致力於促進全世界人類的福祉，對於支援科學研究更是不遺餘力。該基金會招募了一批科學家，專門四處訪問世界各地研究單位，把第一手資料提供給基金會，作為獎助的根據；這些人有個特殊的名稱，叫「巡迴騎士」（circuit rider，其本意是教會的巡迴牧師）。在兩次大戰期間，政府獎助研究的經費大幅增加前，洛克斐勒基金會可說是為贊助科學研究立下了最佳範例。

弗洛里對該基金會並不陌生，早在 1925 年，弗洛里

就得過基金會的獎學金，到美國進修過十個月；他接任牛津病理系主任後，也向基金會申請過小額的補助。但盤尼西林的分離工作，可是需要相當大幅的人員、設備及消耗品的投入。為此，他提出了正式的計畫申請書，也得到了基金會駐巴黎的巡迴騎士米勒（Harry Miller，本身是細菌學家）的讚賞，並以海運、空運及電報將計畫送交紐約總部。結果弗洛里獲得了連續三年、每年 1,250 英鎊（約合 5,000 美元）的補助。這筆錢在當時可是大數字，弗洛里等人感覺像中了樂透獎；這下子，他們終於可以放手一搏，正式著手盤尼西林的分離工作了。

（2004/07/28, 2004/08/18〈中副・書海六品〉）

盤尼西林的分離

　　要成功分離盤尼西林，得解決許多問題：選擇最佳的培養條件（包括培養液及培養器皿）是第一步；將盤尼西林的有效成分從培養液分離出來，且不喪失活性是第二步；建立準確測定盤尼西林活性的方法是第三步。這些都是弗洛里手下的另一位生化學家希特利的貢獻，所以才出現「沒有希特利，就沒有盤尼西林」的評論。然而，希特利卻是發展盤尼西林的幾位人士中，得到外界最少承認的一位。

　　希特利是弗洛里從劍橋大學生化系聘請的另一位生化學家，原本是為了協助錢恩的研究，但兩人的出身及性格都完全不同，以至於後來各做各的，分別向弗洛里報告進度。由於分工的問題，導致錢恩對弗洛里產生不滿，也造成兩人後來的決裂。

　　希特利以手巧及創意出名；在研究儀器尚未產業化的年代，這種人可是任何實驗室之寶。他可以因應實驗的需要，自行設計及組裝儀器。希特利首先試驗了各種黴菌的培養液，試圖找出最理想的養料及鹽類組合，他

發現加入酵母菌萃取物可加速培養。接著，他設計了理想的培養器皿。青黴菌的生長需要氧，培養液的深度不能超過 1.5 公分，所以必須採用扁平的培養器皿。一開始他們用過各式各樣的容器，包括餅乾盒、瓷盤及便盆等；由於戰時物資的缺乏及經費的有限，最後希特利自行設計及訂做了方形的瓷製容器，每個可裝 1 公升、深度 1.5 公分的培養液，並可疊放，以節省空間。於是實驗室成了小型的工廠，成排的架子上堆滿了培養器皿，並請了一批年輕的女工（暱稱「盤尼西林女郎」）專門負責煩瑣的培養及收集工作。

接下來，是將培養液中有效成分純化的步驟，也是讓弗萊明及之前嘗試過這項工作的研究人員為之卻步的關卡。盤尼西林可以溶解於酒精及乙醚等有機溶劑（弗萊明發表的論文裡說盤尼西林不溶於乙醚，是另一項錯誤），但將乙醚蒸發後，其效用也就不存在了。希特利想出讓乙醚當中的盤尼西林重新回到鹼性水溶液的做法；他花了 5 英鎊左右，做了一個半自動的逆流純化裝置，讓盤尼西林在對流的水及乙醚之間自由擴散移動，然後再以低壓冷凍乾燥將水分子除去，最後就只剩下盤尼西林的有效成分，一些棕色的粉末。

有了粗製的盤尼西林之後，離體的活性檢驗（在培養皿中殺菌的能力）、離體及活體的毒性檢測（從細胞、

動物，再到人）、活體動物的有效性試驗，以及最終的臨床試驗，也就得以依序進行。弗萊明進行過部分的前兩項工作，但卻沒有進行最具關鍵性的活體動物實驗；所以說，弗萊明對於盤尼西林的臨床價值，並無體認。

1940 年 5 月 25 日，弗洛里進行了第一次盤尼西林在活體動物的保護作用實驗。當天早上十一點，他及助手給八隻小鼠各注射了致死劑量的鏈球菌；一小時後，再給其中兩隻注射了一劑 10 毫克的盤尼西林，另外兩隻則每隔兩小時接受一劑 5 毫克的盤尼西林，共五次（最後一次間隔了四小時），其餘四隻則沒有接受任何處理。

實驗的結果可是一清二楚，對照組裡只接受了鏈球菌的四隻動物在白天看來就病得十分嚴重，並在晚間相繼死去；接受了盤尼西林的實驗組動物則一如正常。夜裡，希特利留守觀察記錄，直到清晨三點半最後一隻對照組動物死後才騎車返家。實驗當天，正是同盟國棄守歐陸，進行鄧寇克 (Dunkirk) 大撤退的同一日。希特利在返家的路上，還受到一位上了年紀、拿著來福槍的自衛隊員攔下盤查。希特利解釋自己是實驗做晚了，但沒有說他方才目睹了一項改變歷史的發現。

在進行了更大批的動物實驗，並得到相同的結果之後，下一步就是人體的試驗。弗洛里先在一位癌症末期的志願病人身上，證實了盤尼西林對人體並無毒性，且

很快就從尿液排出體外。1941 年 2 月，弗洛里在一位 43 歲的警察身上進行了第一次臨床試驗。該警察因臉上輕微刮傷而感染了鏈球菌及葡萄球菌，一路傳到了眼睛、頭皮，後來則是肺及肩膀，可說全身到處都有膿瘡。然而在給予盤尼西林連續注射幾天之後，他身上的膿瘡一一癒合，臉上的腫脹消失，眼睛也恢復了正常。五天連續注射下來，看來他已走上復原之路。不幸的是，弗洛里手上的盤尼西林也用完了（包括從尿液中回收的），該警察終因敗血症而去世。

在盤尼西林發展初期，療程及劑量尚未確定之前，類似成功與失敗交織的例子還有一些。以後見之明來看，弗洛里早期所用的盤尼西林製劑，濃度雖然比弗萊明的高出許多，卻仍然少得可憐；再者，以盤尼西林在體內停留的時間不長，定期連續使用將細菌全面殲滅，是必然的做法。因此，盤尼西林的量產，也勢在必行。不幸的是，從 1940 年 9 月起，英倫空戰及倫敦大轟炸使得英國的物資供應處於最艱困的時刻，食物、衣服、燃油等都受到嚴格的配額管制。英國的各大藥廠，也忙於生產戰場上用得著的藥品，無心也無力發展新藥。在到處碰壁之後，弗洛里只剩下一條路可走：尋求美國的幫忙。

弗洛里試圖尋求美國支援量產盤尼西林的計畫，得到了洛克斐勒基金會自然科學處處長威佛 (Warren

Weaver, 1894-1978) 的大力支持，並撥款 6,000 美元支付弗洛里及希特利的旅費開銷；同時，弗洛里也獲得了梅冷比的同意，將盤尼西林帶到美國發展。由於英國正處於戰時，所以一切準備工作都在祕密中進行，連錢恩都給埋在鼓裡。雖然，弗洛里帶著熟悉盤尼西林生產及純化的希特利同行，是合理的選擇，但錢恩在弗洛里成行當天才曉得這項安排，也不免抓狂，更導致了後來兩人的決裂。

弗洛里與希特利於 1941 年 6 月 27 日離開英國，其過程就像電影《北非諜影》(Casablanca) 一般曲折。他們先搭飛機前往葡萄牙的里斯本，再搭泛美航空的班機經百慕達飛往紐約。里斯本是當時歐洲前往美國的唯一管道，一票難求，許多人等了幾週也買不到票，但他倆在里斯本只待了三天，就搭上了飛機，可見洛克斐勒基金會的影響力。他們除了隨身攜帶青黴菌的樣本外，並將黴菌孢子灑在大衣上，以便萬一遭到任何意外丟失了行李，還可從衣服上取得孢子進行培養。

弗洛里一到美國，就展開一連串的拜會及演講；他從培養及分離盤尼西林講起，一路到動物實驗及人體試驗，整套故事加上清晰動人的陳述，讓聽者無不動容。十天後，他與希特利就被安排前往位於芝加哥南邊小鎮匹歐里亞 (Peoria) 的美國農業部研究實驗室，那裡有像釀

啤酒一樣的大型發酵槽，利用不斷地攪拌及打入空氣，可進行深槽培養，而無須像牛津的實驗室用上成百上千個小型的培養器皿。該地還有一項特色，就是擁有玉米抽取澱粉後剩下的大量殘渣；利用這些殘渣廢物來培養青黴菌，發現能提高十倍的盤尼西林產量。

弗洛里讓希特利留在匹歐里亞協助青黴菌的培養，自己則到美東訪問各大藥廠。雖然弗洛里在英國學術界已經相當知名，但他自嘲自己像個登門兜售某個瘋狂想法的推銷員，招來不少白眼。所幸當時美國醫學研究發展委員會主席、賓州大學教授理查茲 (Alfred N. Richards, 1876-1966)，是弗洛里當年來美進修時曾經待過的實驗室老闆；該委員會正是為了美國即將參戰而成立的，因此理查斯是少數具有真正影響力的美國科學家。在理查斯祭出發展盤尼西林具有國家利益的大帽子下，默克 (Merck)、立達 (Lederle)、施貴寶 (Squibb) 及輝瑞 (Pfizer) 等大藥廠都同意加入盤尼西林的製造（他們當然也看出其中有利可圖），一夕之間，盤尼西林成了熱門的題目。當弗洛里結束三個月的訪美，於 10 月初回到英國時，希特利則在默克藥廠多留了一年。

由於弗洛里及希特利的鼓吹及協助，盤尼西林在美國的產量可說是突飛猛進。到 1943 年 6 月，月產量已達 4 億多單位，足以治療 170 位病人；1944 年 6 月盟軍登

陸諾曼地時，則達 1,000 億單位，可治療 40,000 名病人。到 1945 年 6 月，月產量更高達 6,400 多億單位；其價格也從每百萬單位 200 美元降至 6 美元。

弗洛里原本希望美國量產盤尼西林後，能提供一些給他的實驗室進行研究，只不過事與願違，商業利益的考量永遠高於一切；終究，弗洛里還是要靠英國本地藥廠的協助。1942 到 43 年間，牛津的產量足以治療 197 個臨床病例。1943 年 5 月底，弗洛里還前往北非戰地醫院待了三個月，實地驗證盤尼西林在遭受感染傷兵身上的療效。除了感染傷口的一般細菌外，盤尼西林對淋菌也有效，而引起一番爭議，是否要以珍貴的盤尼西林治療罹患性病的士兵；等到美國的生產供應無缺後，這項爭議也就不存在了。

至於盤尼西林化學結構的確認，也引起過一番爭議。一早就有化學家勸弗洛里不必多費力氣培養青黴菌，他們認為只要決定出盤尼西林的化學結構，人工合成將可解決量產的問題；只不過盤尼西林的分子雖不大，結構卻不單純，使得化學家的如意算盤，並未實現。1943 年，弗洛里實驗室的亞伯拉罕 (Edward Abraham, 1913–1999) 及錢恩提出了由三個碳及一個氮組成的內醯胺為盤尼西林的核心構造；兩年後，牛津大學化學家霍奇金 (Dorothy C. Hodgkin, 1910–1994) 以 X 光晶體攝影證實了該結構。

1964 年，霍奇金以解開眾多大分子結構而獲頒諾貝爾化學獎，盤尼西林是為其中之一。

弗洛里分離盤尼西林的研究花費，大部分是由美國洛克斐勒基金會支付的。當年無論計畫贊助者或是研究人員，都不那麼重視成果的專利權誰屬，而認為研究成果應該與全民共享。從德國訓練出身的錢恩則認為專利是自保之道，堅持要弗洛里將純化的盤尼西林申請專利。為此，弗洛里還徵詢了英國醫界大老戴爾 (Henry Dale, 1875-1968) 及梅冷比的意見，兩人都為之震驚，認為科學家追求私利是不可思議之事。在這一點上，科學的理想國終究敵不過商業利益的侵蝕；只要有人因專利而得利，再崇高的理想也擋不住現實的殘酷。當盤尼西林在美國藥廠量產成功，馬上就申請了專利；到後來，就連研發盤尼西林的原創地——英國，也得向美國藥廠購買專利使用權，真是情何以堪。

(2004/08/25, 2004/09/01〈中副・書海六品〉)

弗萊明與弗洛里

　　前文提過，盤尼西林雖然是 1928 年由弗萊明無意間發現，但弗萊明並未完成純化工作，當然也就沒有進行關鍵的動物實驗及臨床試驗。要不是十一年後，弗洛里的實驗室展開後續的工作，不但盤尼西林不知要再晚多少年才會問世，就連弗萊明留給後人的印象，也可能只是個有些古怪的微生物學家而已，更別說獲頒諾貝爾獎了。所以有人說，弗洛里研發成功的盤尼西林救人無數，但他拯救的第一個人，就是弗萊明。

　　歷來科學發現的功勞所屬，都採先到先得原則，其間容或有幾乎同時發現或各發現一部分的情形，但像盤尼西林這樣，先發現者（弗萊明）無法將有效成分分離及應用，而有賴後來者（弗洛里）的重新發現，是較為少見的情形。當然，弗洛里的團隊根據的是弗萊明先前意外發現的黴菌株著手分離的工作，因此，盤尼西林發展成功後，弗萊明自然也有功勞；但問題是，如今提到盤尼西林，大家只知弗萊明，而不知有弗洛里，卻是為何？

　　話說 1939 年弗洛里讓錢恩著手盤尼西林的分離工作時，錢恩就近從同單位的同事處取得青黴菌的樣本，他甚至不曉得弗萊明是否仍然在世（我們讀十幾年前發表的論文時，常會把作者想得老一些）。1940 年 8 月，弗洛里與錢恩、希特利等人於《刺絡針》發表第一篇盤尼西林動物實驗的文章後，弗萊明看到了，便打電話給弗洛里，要求前往參觀（他倆原本就認得，但無深交）。

　　該年 9 月 2 日一早，穿著正式的弗萊明從倫敦來到牛津，見面第一句話就是：「我是來看看，你們把我的『老』盤尼西林做了些什麼事。」這句帶了所有權聲明意味的話，聽在弗洛里等人耳裡，當然是不中聽。當天，弗洛里與希特利帶著弗萊明詳細介紹了每項工作的細節，並送了一些最好的分離樣本讓弗萊明帶回去。弗萊明除了仔細觀察聆聽，提出一些問題外，幾乎沒有說什麼話，也沒有任何的祝賀與鼓勵之詞。

　　返回倫敦後，弗萊明測試了牛津團隊分離的盤尼西林，發現含量比他之前所得出的都高。該年 11 月，弗萊明寫信給弗洛里，說會寄上一些高產量的青黴菌樣本供牛津使用，並說：「只有靠貴單位的化學家同仁將其中有效成分純化，並進行合成，才能夠徹底擊敗磺胺類藥物。」顯然，弗萊明曉得，要是沒有弗洛里團隊的努力，盤尼西林是難以問世並出頭的。

　　在發展盤尼西林的頭兩年，弗洛里與弗萊明的關係尚稱良好，時有書信往來。1941 年起，弗洛里進行了臨床試驗，證實了盤尼西林於人體應用的可行性，但由於缺少大量生產及純化的設備及經費，常有治療中途無藥可用的窘況，只能說是慘澹經營。1942 年 8 月，弗萊明為了一位罹患腦膜炎的朋友打電話向弗洛里求救，弗洛里大方地將手上所有的盤尼西林親自帶到倫敦，教弗萊明如何給予病人注射。在連續肌肉注射一週仍未見起色後，弗萊明大膽嘗試將盤尼西林直接注入脊髓膜內，幸運地獲得成功，救活了朋友。因此，弗萊明對於弗洛里的感激之情，自是不在話下；只不過接下來事情的發展，卻使得弗洛里對於弗萊明的尊重與好感，喪失殆盡。其中緣由，可以說是由媒體造成的。

　　弗洛里屬於老派的學者，不習慣與記者打交道。雖說自 1941 年起，盤尼西林的臨床試驗已成功了不只一回，但由於產量不足，弗洛里並不想大肆聲張，以免引起大眾的不實想望；因此，除了在醫學期刊發表結果外，並沒有太多的新聞報導。然而弗萊明以弗洛里提供的盤尼西林成功治療友人的消息，卻傳了開來。1942 年 8 月底，倫敦《泰姆士報》(*The Times*) 登了一篇報導，介紹了盤尼西林的療效；然而文中並沒有指名道姓，只提到藥物是由牛津大學發展的。過了幾天，《泰姆士報》登了

一篇弗萊明工作單位老闆萊特爵士的投書，裡頭為弗萊明吹噓，說弗萊明是盤尼西林的發現者，也是最早提出盤尼西林具有臨床應用價值的人；並說日前的報導「吝於將桂冠贈與發現者」。

該篇投書一出，記者蜂擁而至弗萊明實驗室進行採訪，弗萊明也來者不拒，向他們介紹了盤尼西林的發現經過，只不過經過記者的添油加醬，見報的報導就離開事實甚遠。除了「發霉起司的奇蹟」、「克制傷口感染新藥問世」、「蘇格蘭籍教授大發現」等聳動標題外，其中並沒有提到弗洛里的牛津團隊，讓不知情者以為盤尼西林的發現、分離、量產，以及動物與臨床實驗等，都是在倫敦聖瑪利醫院弗萊明的實驗室完成的。

9月初，《泰姆士報》又登了一篇牛津大學教授羅賓森爵士 (Robert Robinson) 的投書，指出萊特爵士的投書沒有提到弗洛里的疏失；他寫道：「如果弗萊明得享發現盤尼西林的桂冠榮耀，那麼弗洛里至少也該獲贈一只美麗的花圈」，因為弗洛里是「最早分離出盤尼西林、並顯示其臨床功效的人。」

此信一出，大批記者又轉而前往牛津要求採訪，只不過這回他們卻吃了閉門羹。一方面弗洛里擔心擴大宣傳將帶給更多人失望，另一方面他堅守當年英國學術界節制公關宣傳的傳統，因此讓祕書擋駕，不接受採訪。

以學術界的標準而言，此舉雖然正確，但以新聞界的觀點，卻是天大的錯誤；多數記者才不管誰是真正有貢獻的科學家，只要誰能提供有新聞價值的資訊，就報導誰。因此之故，「弗萊明神話」於焉誕生。

一開始，弗萊明還寫了好幾封信給弗洛里，為報章雜誌的不實報導感到抱歉，並解釋其中來龍去脈；只不過類似報導越來越多以後，他也無從解釋起。接下來不久，美國藥廠開始量產盤尼西林，成功治癒了無數因細菌感染而瀕臨死亡的病人；而美國方面的媒體報導，也都採用英國的資訊。如此一來，弗萊明的大名成了大西洋兩岸、甚至全球都家喻戶曉的名字；至於弗洛里的牛津團隊，就更沒有人提了。

所謂「謊言千遍成事實」，不要說當時的社會大眾不清楚事情真相，甚至後來弗萊明的傳記裡也出現：「自發現盤尼西林後，弗萊明就不斷大量培養青黴菌，並將培養液送給牛津團隊進行純化」，以及「聖瑪利醫院是盤尼西林首度用於臨床治癒病人的所在」等不實敘述。要是連傳記作家都會出現這樣的錯誤，那一般閱聽大眾就更不用說了。

事實上，弗洛里在當年英國學術界的地位，是明顯高過弗萊明許多的。弗洛里於 1941 年即當選英國皇家學院院士，根據的是盤尼西林之前的工作成果。至於弗萊

明曾由萊特提名過兩次（1923 及 1930 年；提名一次，可連續候選五年），但十來年間他都沒有選上；一直要到 1943 年因盤尼西林出名後，才如願以償，那時他已 63 歲了。弗洛里私下曾向梅冷比及戴爾等學界大老抱怨新聞界的報導不公，也都得到安慰及要求耐心等待；只不過弗萊明發現盤尼西林的過程戲劇性十足，再加上世人先入為主的觀念，想要扭轉過來，可是難上加難。

盤尼西林的發展成功，開啟了抗生素的時代，造成的影響及連帶問題至今仍然不衰，但該發現的最大受益者，要算是弗萊明了。那給將屆退休之齡的弗萊明，帶來想像不到及無與倫比的榮耀。他一下子成了全球知名的偉大科學家，接到來自世界各地無數獎項、榮譽學位、榮譽會員以及演講的邀約，頻率之高，在十年間平均每週都有一樁。同時，他每到一處，都受到英雄式的歡迎，熱烈程度，連一般的電影明星也比不上。

其實弗萊明是個相當平實的人，並不浮誇虛矯，也不是什麼公眾人物，更不是出色的演講者。只不過這種溫和的「反英雄」形象，在二次大戰結束後，卻深受大眾喜愛；因為人們已經受夠了獨裁者、政客以及軍人的強悍作風，因此弗萊明可以說是佔了天時之利。再來，人在嘗到出名的滋味後，也會習慣並上癮。一開始，弗萊明還會對媒體過多的注意感到不好意思及不自在，但

過不了多久，他也享受起出名帶來的好處，並樂在其中。

1945 年，諾貝爾生理或醫學獎頒給了弗萊明、弗洛里及錢恩三人；事實上，這是幾番折衝下的產物。由於二次大戰，諾貝爾獎停了三年。1944 年，有風聲傳出該獎即將恢復，並準備頒給盤尼西林的發現，同時得獎者只有弗萊明一人；那主要是由於戰時資訊不流通，負責給獎的瑞典卡洛林斯卡學院並不清楚來龍去脈之故。還好美國的學界提供了正確的資訊，強調牛津團隊的貢獻，結果該年以及回溯前一年的生理或醫學獎，先頒給了神經傳導及維生素 K 的研究；再一年，才頒給盤尼西林的發現。最後公布的得獎安排，固然是比單給弗萊明一人來得合理，但也還遺漏了貢獻不比錢恩少的希特利，造成另一種遺憾。

弗萊明享受了極為風光的晚年，除了各種邀約不斷外，他還出任過愛丁堡大學名譽校長，甚至譜了一曲黃昏之戀。他於 1953 年再婚，新婚夫人是比他年輕四十二歲的實驗室助手。弗萊明於 1955 年因心臟病去世，享年74 歲。

弗洛里雖然沒享有弗萊明那樣的盛名，但他的成就遠在弗萊明之上。1960 年，他擔任了英國皇家學會主席（相當於中研院院長）；1963 年，他出任牛津大學皇后學院院長；次年，他接受邀請，擔任了澳洲國立大學名

譽校長。他於 1967 年再婚，對象是實驗室相處超過二十五年的助手；次年，他因心臟病去世，享年 69 歲。

　　弗萊明與弗洛里這兩個各方面相當不同的人，卻因盤尼西林給綁在一起，在醫學史上永遠也分不開。弗洛里後來常說，如果他們將純化的青黴菌活性成分另外取個新名字就好了，可能避免許多後來的爭議，因為弗萊明當初使用盤尼西林一詞，指的是青黴菌分泌的汁液，而非其中真正的抗生素物質。當然，人世間多的是事後之明，不足為訓。至於弗洛里是否後悔當初堅守原則、對記者不假辭色的舉動，已不得而知；但他如復生今日，看到研究人員動輒召開記者會的舉動，只怕是更要感慨不已了。

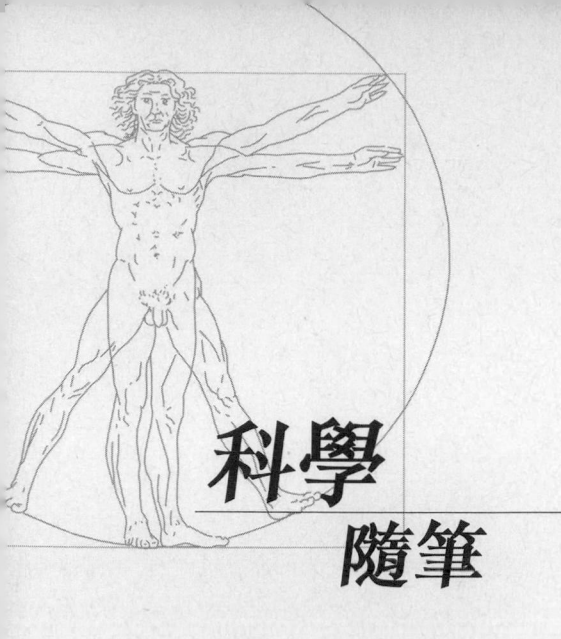

科學
隨筆

為何要讀科普書?

　　五四運動將「賽先生」引進中國，至今已過了好幾代；國人從小學習理化生物等科學課程，照理說，現下的臺灣應該是個講求科學的理性社會才是，但放眼所及，靈異、星座、算命、風水等種種迷信不科學的說法行徑，卻變本加厲充斥我們身旁，又是為何?

　　這個問題顯然與我們教育的方式有關，其中有人為及教材的雙重因素。國內教科書重事實、現象、及定律的陳述，說明減至最少，特例則多不提，所以都是薄薄一本。歐美教科書則多由淺入深、不厭其煩地從基本觀念一路衍伸到重點；多數理論都有實例及驗證支持，甚至也提出不同講法，而不只是單一現象的陳述，所以多是厚厚一大本。讀前者的效率高，背背重點即可，但也無趣得很，常知其然而不知其所以然。讀後者則較花時間，有時還可能忽略了所謂的重點，對考試不見得有利；但一旦讀進去了，則有融會貫通之感，也比較能自己說出個道理來。

　　國內的教科書之所以如此，編纂者的功力固然難辭

其咎，但我們的考試文化也有責任。加上坊間大批沒有什麼營養的參考書推波助瀾，造就了一批批的讀書機器：只求死記，不重理解；書云亦云，既無從分辨對錯，也難有突破創新。這不單多數學子如此，就連大學教授及研究員，也不乏腦筋死板、抱殘守缺之士。

所謂科學研究方法，是先有觀察（或根據前人發現），然後提出假說，再加以驗證。根據假說的高明與否、驗證方法是否合適周詳、所得結果是否顯著，才能得出結論，支持或推翻假說。好的科學研究在於提出假說及進行驗證的能力；前者需要對本行的知識現況及過往研究的了解，後者則牽涉到實驗的設計及執行，以及操作儀器的能力。兩者對完成實驗都不可或缺，但尤以前者更凸顯研究人員的功力。

現今任一知識領域的來龍去脈都相當錯綜複雜，甚難以三兩句話講得清楚；初入門的學子起碼要花個兩三年，才可能登堂入室。至於要能知道本行裡有哪些問題，都解決到什麼程度，哪些還值得探討，哪些不值得再問，哪些又暫時不可能解決，則需要下更多工夫，同時也考驗個人慧根。不幸的是，這些要求卻是本國學者最弱的一環。許多人到國外唸了個學位回來，依樣畫葫蘆搞個實驗室就開班授徒起來。上焉者知所變化，還有些新發現，下焉者則一再重複前人工作，了無新意。滿懷研究

熱誠與憧憬的學生，進到後者的實驗室，想要突破也難。

　　想要解決這種困境，還得靠自覺、努力，以及多方面的閱讀。歐美的科學家常在成名後，以淺近筆觸將重大發現及心路歷程加以記錄發表；這種類型的寫作已有相當傳統，也佳作連連。這些書籍知性及趣味兼具，不但一般大眾可以讀得津津有味，就連同行學者也都有興趣一閱，從中偷學一二；至於見獵心喜，自己也寫上一本的，所在多有。

　　如何把複雜的知識以淺近的文字讓一般人都能夠了解，絕非簡單之事，不但要求撰寫者對該學門有整體了解，還要採用一般人能夠接受的方式；像文中穿插故事、比喻等，都是常見的手法。反過來，一般人也不能夠拿閱讀小說、隨筆的態度來看這類書籍。好的科普書籍，重心仍是科學的理論與發現，其中精妙之處得用心思考體會，才可能有所收穫；要是走馬看花，過門不入，損失的只怕還是讀者。因此之故，作為國內科學教育的補充讀物，科普書籍絕不能等閒視之。一方面，經由較具趣味的主題閱讀，當能激發學子對科學研究的興趣；再來，對於國內貧乏的教科書來說，由名家撰寫的入門讀物，更提供了該學門的深度了解。就連國內的本行「專家」，必然也都能從中受益。

　　　　　　　　　　（2000/10/04〈中副・書海六品〉）

年度科學寫作選

國內編選《年度小說選》已有三十多年歷史，《年度散文選》也有二十來年，此外，《文學大系》也編過好幾套；如果我提議在國內編一本《科學寫作選》，可能會被譏為癡人作夢。這裡頭有兩個問題：什麼是「科學寫作」？國內可有「科學寫作」這一行？

我的想法來自美國的出版界。他們除了《短篇小說選》之外，還有《旅遊寫作選》、《體育寫作選》、《雜誌寫作選》等各式各樣的年度最佳選書。從幾年前起，更出現了《科學寫作選》，同時一下就有兩本，各由不同的編者及出版社主事。其中之一以《科學及自然寫作》為名，2000 年的主編是奎曼 (David Quammen)，2001 年是威爾森 (E. O. Wilson)，都是國內熟悉的名家。2000 年的這兩本選集各選了十九及二十篇文章，2001 年則增至二十二及二十三篇，其中有多位作家同時上榜，重複的文章 2000 年有一篇，2001 年有兩篇，可見整體發表的數量仍相當可觀。

回到我的問題，什麼是「科學寫作」？2001 年選集之

一的主編費瑞斯（Timothy Ferris，普利茲獎得主）提到二十五年前，他準備從報導政治及搖滾樂轉向，專門報導天文學，結果遭到不解的編輯質問：「你不是已經寫過一篇有關天文學的報導了嗎?」在一般「真正」的作家心目中，科學寫作像是翻譯，不過是將科學家的工作做二手的報導，不能跟創作相提並論。更何況還有不少的科學家（包括醫生）本身就是一流的作家，如沙岡 (Carl Sagan)、艾西莫夫 (Isaac Asimov)、湯瑪士 (Lewis Thomas) 之流。當然時間證明費瑞斯是對的，科學寫作的確在美國的報章雜誌打出了一片天下，科學寫作也成了精緻 (sophisticated) 社會必要的一環。如今，出色的專業科學作家業已形成一股不可忽視的力量。

我這裡說的「科學寫作」當然不是科學家寫給同行看的報告，也不是電腦軟體說明書一類的使用手冊，而是在報章雜誌寫給一般讀者看的文章。內容可以是某個新發現或新觀念，也可能是科學家本身的故事，科學史當然更是常見的題材。不管怎麼說，科學寫作通常為我們開啟了新的窗口，讓我們一窺之前從來不知道、沒想過，或了解不夠透徹的人與事。

任何形式的寫作從來都不是容易的事，科學寫作要寫得好，更是困難。其中緣由在於「科學」一向關心的是「新鮮事」，因此作者在陳述故事之際，必須不時加入

說明，以免讀者不知所云。你可能想像撰寫體育報導或經濟評論的作家，在文章裡三不五時要打斷文氣，停下來解釋「技術犯規」或「景氣循環」的意義嗎？這可是科學作家不斷在做的事。一篇科學寫作如何讓人讀得津津有味，同時在無形間傳遞了訊息，高下之分也就在此。

我手頭這本費瑞斯主編《2001 年美國最佳科學寫作選》(*The Best American Science Writing 2001*) 裡有二十三篇文章，可說是一流科學寫作的代表。就我目前讀過的十幾篇來說，沒有一篇不讓我想一口氣讀完，就算長達二十來頁也一樣。其中的第一篇是「名作家」厄普戴克 (John Updike) 寫的一首詩。之前厄普戴克歌頌「微中子」的出名詩作，高涌泉教授曾介紹過（《另一種鼓聲》，三民，2003 年），這是另一首。出現在這本選集的名家，還有麥爾 (Erns Mayr)、古爾德 (Stephen J. Gould)、萊特曼 (Alan Lightman)、戴森 (Freeman Dyson)、霍爾 (Stephen Hall)、普雷斯頓 (Richard Preston)、安吉爾 (Natalie Angier) 等人（這些人的著作國內都有譯本）。

除了開場詩外，該選集可大致分門別類為：五篇太空物理、三篇生物科技、四篇動物及演化生物、七篇醫學，還有四篇則歸入一般科學。由此可以看出，生物醫學在現代社會所佔的分量。其中主題包括：私人生技公司與幹細胞研究的發展、解開人類基因組的凡特、已判

刑的強姦犯利用 DNA 洗刷罪名的案例、美國肥胖問題與社經階級的關聯、男性荷爾蒙、怎樣服用避孕藥丸才自然、猴子病毒引起人類癌症的爭議、梅毒命名的起源、地球水資源的枯竭等，無一不是許多人關心，但又不完全了解的問題。

至於這些文章的來源，以《紐約客》(New Yorker) 四篇最多，《紐約時報》三篇次之，《科學美國人》、《科學》（The Sciences，是「紐約科學院」出版的月刊，最近停刊）、《紐約時報雜誌》、《自然史》(Natural History) 及《哈潑》雜誌各兩篇，其餘一篇的就不提了。

最後，回到我開頭的第二個問題，國內有「科學寫作」這一行嗎？看了上面這些國外專業作者的成績單，再看看國內媒體的結構以及學術界的規模，我想答案就不用我說出來了。羅馬不是一天造成的，有樣也才能學樣，《科學人》中文版的引進，未嘗不是給國內有心從事科學寫作者開了一扇窗口。

（2002/04/24〈中副‧書海六品〉）

二千年來重要發明

　　20 世紀算得上是人類科技文明創造許多第一的世紀，從 1903 年萊特兄弟的滑翔機首度在空中停留了十幾秒鐘，到 1969 年阿姆斯壯第一次踏上月球；從 1905 年愛因斯坦首度發表了 $E=MC^2$ 這個最為人所知的物理公式，到 1945 年第一顆原子彈試爆成功；還有第一種避孕藥、第一個電晶體、第一臺電視、第一部電腦等等，這個名單可以沒完沒了。

　　2000 年有本叫《一個世界，多種發明》（*The Greatest Inventions of the Past 2000 Years*，商周出版）的應時之作，由「知識經紀人」布洛克曼 (John Brockman) 以電子郵件邀請各行各業的專家，提出他們「什麼是過去兩千年來最重要的發明」的看法，然後結集成書。裡頭共有一百多位人士發表意見，不乏有趣及發人深省的觀點及想法；由於每人只有一至二頁的篇幅，很適合現代人喜歡的輕薄短小，尤其適合上廁所時隨手翻閱。

　　對於這樣的問題，大概每個人都有點話可說，但布洛克曼長期擔任藝術及科學兩大領域的經紀人，他所邀

請的都是各路英雄才俊；還有每個人的答案，都先登在布洛克曼的網站上 (www.edge.org)，公諸於世，故此每位答題者為免流俗，或與前人雷同，無不極盡巧思，別出心裁，這本結集也才頗有看頭。

國人提到發明，總不忘老祖先的幾項偉大成就，其中蔡倫 (?-121) 造紙，並未被人忽略，提到了一次；但作者更從紙談到了網路，認為兩者都能突破時空限制，有無限的發展及可能。當然紙和顯示器本身是工具，重要的是它們所攜帶的內容，因此印刷術在這本書裡，提到了六次。試想沒有書籍的普及，知識的傳播與創新就鮮有可能，人的心智與潛力也得不到啟發，更不要說生活有多無聊。現代智人 (*Homo sapiens*) 的基因組在過去幾十萬年以來，並沒有根本的變化（就算與五百萬年前就分家的黑猩猩，差異也不過 1.5%），要說我們比老祖先聰明，主要就是我們看的聽的，要比他們多得多。利用刻板或活板印刷，中國在隋朝（7 世紀）及宋朝（11 世紀）即已出現；但對西方來說，15 世紀古騰堡以活字印刷《聖經》，才真正進入書籍生產的時代。

到 20 世紀 90 年代以前，紙張與印刷構成的書本，還是最重要的知識傳播媒介，但個人電腦的進步與普及，網際網路的發展與成熟，已然取代了不少書籍的功能與地位。因此電信科技、電腦、網際網路等總加起來，也

有六次的提名。其中一位提名者說:「如果你看不出它的重要性,大概有兩個原因。第一,它已融入我們的生活,讓我們忽略了它的存在;第二,它的潛力還沒有完全發揮。」個人對此相當同意。書本雖然還是我的最愛,但在工作與生活裡,幾乎已少不了電腦及網路的幫忙,這些科技進展,已大幅改變了我們的工作型態。

至於火藥這項發明,並沒有人直接提及,只有一位提到了槍炮,特別是歐洲人藉著船堅炮利,征服世界的行動所造成的影響,將持續至本世紀。另有兩位提到了原子彈,那當然是重要發明,但沒有人說它有用。此外像馴服馬匹、多桅小帆船(早期航海家所用)及飛行器等交通工具都有人提,但火車、汽車倒不見蹤影,想是嫌太平常了,顯不出創意來。

要說發人所未見(或小題大作),大概以犁、修正液、阿斯匹靈、乾草、椅子與梯子、複式簿記、閱讀用放大鏡、籃子、鏡子等為最;提出者也都言之成理。不過像避孕藥、水利工程、透鏡(望遠鏡)、鐘等,都有兩票以上,重要性顯然不可小覷。

上述都是實質的發明,但該書有一半的人談的是思想上的創見,其中以科學及科學方法拔得頭籌,演化論、微積分、懷疑論、古典音樂等,也都有好些人支持。不少人在提出自己的「創見」之餘,還不忘損前人幾句,

戲而不謔。

當然了，還有幾位唱反調的人士，說「什麼都不值一提」、「沒什麼是最重要的」；他們的著眼點是科技發明都有負面影響，都可能逼人一步步走近懸崖。甚至有位人士認為談重要的發現太無聊，多是「本位」之見，不如談最「有害」的發明，來得有趣。他提出了一些像塑膠、股市、情景喜劇、微軟的 Visual Basic 等例子，還不忘加上「作家經紀人」一條，幽了布洛克曼一默。

至於個人的看法呢？我想是「記錄知識與影像、聲音的各種媒體」吧。

(2001/06/13〈中副・書海六品〉)

生命有時盡，希望無絕期

　　生物學家薩波斯基 (Robert Sapolsky) 在《為什麼斑馬不會得胃潰瘍?》（遠流，2001）一書中，對於老化及死亡有兩段笑中帶淚的描述。其中之一是他給大學部的學生上課，看著臺下青春洋溢的年輕人，心裡不由地冒出：「你們難道不曉得，有一天你們也會老去、死亡?」還有一則，是他參加學術會議，與幾百位專家學者坐在一起；他又不免心生怨懟：「你們這些自以為聰明一世的傢伙，沒一個能讓我長命百歲!」

　　曉得自己終將衰老逝去，大概是人這個物種獨特的「稟賦」；悲春傷秋、追憶似水年華，自古以來就是文人騷客的創作靈感來源。不單如此，對於延年益壽的追求，也不絕於書：無論西方的青春之泉，還是我們的海外仙山，都是人類自古以來的嚮往；對於仙丹靈藥的渴望，更是無時無之。從古代滲了重金屬、吃多了會出人命的「仙丹」，以及各式各樣希罕的動植物產品，到現代打著「科學」招牌的維他命、荷爾蒙、抗氧化劑等，不一而足。除了極少數參透天機者，對於延長生命的宣稱，幾

乎無人得以免疫。

其實「活著」並不是生物存在的理由，生殖才是生物到世上走一遭的目的。學者王道還指出，「上天有好生之德」中的「生」，指的是生殖，而不是求生。每個生物個體都有的求生本能，只是為了繁衍下一代。物競天擇是為了產生更多有生殖機會的子代。許多生物在性發育成熟、完成傳宗接代的大業之後，死亡率也就呈級數增加。對這些生物來說，只要自己的生命有下一代延續，本身的存活也就不那麼重要。只有腦力豐富的人類，才對塵世產生了無限的眷戀。人類的壽命在動物界裡算是長的，就算生育年齡已過，仍可存活相當時日。部分原因是人類的童年期特長，沒有成年父母的照養，新生兒就難以存活。此外，拜科學醫學與公衛措施之賜，人類的壽命期望值在 20 世紀內躍升了將近一倍，使人產生錯覺，以為餘命是爭取得來，或是值得爭取的。

事實上，天擇壓力對老化過程並無著力點；就算生物體內有所謂的老化基因，在它還沒有發揮功能之前，早已傳給了下一代，生生不息。更何況，老化基因的存在與否，仍值得存疑。難道我們願意相信，生物體內會演化出時間一到就自動銷毀的裝置，就像我們在《不可能的任務》中看到的自毀錄音帶？

近年來，細胞學的研究發現，位於每個細胞核裡的

染色體兩頭，存在所謂的端粒子 (telomere)，那是由包含 5,000~15,000 個鹼基所構成的重複片段 DNA 序列。除了生殖細胞及一些特殊細胞外，體細胞每分裂一次，端粒子就減少約 100 個鹼基；分裂多次以後，端粒子短到一個程度，細胞也就不再分裂。至於能夠不斷分裂的細胞，帶有一種端粒酶 (telomerase)，可以補足縮短的端粒子。因此，端粒子的存在，似乎可以看成是體細胞自我設限的裝置。

關於老化的研究，一向困難重重且爭議多端。問題之一是：離體細胞實驗的結果，能否應用在活體生物上。以端粒子的研究來說，都是在離體細胞進行，對於擁有數以兆計細胞的人體來說，要如何應用，可不是簡單的事。更不要說離體細胞研究指出，增加端粒酶的活性，固然可增加細胞分裂的次數，但同時也增加了癌細胞生成的可能，這就不是任何人所樂見的結果。另一有趣的發現是，以同屬靈長類的許多猿猴類來說，牠們染色體的端粒子要比人類的長兩倍以上，但壽命卻都比人類來得短。這樣的結果顯示，就算端粒子的長度限制了細胞分裂的次數，但卻不是真正決定個體存活時間的因素。

另一個問題則是：動物實驗的結果，能否適用於人。由於道德以及實際的理由，我們不大可能在人身上進行老化的研究，因此以果蠅、線蟲、老鼠等動物為對象是

很自然的。在果蠅身上改個基因、用個藥物，將壽命增長個二分之一，不過多等上二、三十天的時間；將老鼠兩年左右的天年增長一倍，也還可以耐心等待。但要把動物實驗的結果直接用在有七十幾年壽命的人類身上，可是得從長計議。一來，要看到效果的等待時間太長，再者，結果的可信度也沒個準。由於每個人先天後天的差異無窮，沒有人能預測任何人的天年，因此，也無從得知某項做法有用還是無用。不過近年來有項動物實驗的結果，得到不少人的青睞，那就是限制食物的攝取。

限制每日熱量的攝取在身體所需的 70% 左右，已經在老鼠、魚、蜘蛛，及果蠅等動物看到顯著延長壽命的結果，這似乎與國人常說的「吃七分飽」相互輝映。雖然這項做法的真正的機制仍不完全清楚，但卻有人身體力行。有位美國人十五年來每天只進食 1,500 大卡的熱量（正常需求在 2,500 大卡上下）。造成的結果是這位身高 188 公分的人，體重從原來的 72 降到 54 公斤。由於幾乎完全沒有皮下脂肪，因此他很怕冷，夏天也得穿長袖衣服，冬天的保暖更是講究；不僅座椅非要有椅墊，鞋子也要加墊，骨頭才不會痛。就算這樣的做法確實能延長壽命（這位先生才 50 出頭），試問有幾人能夠終其一生堅持下去？

科學家習慣當烏鴉，講些不中聽的真話，但就算有

五十一位研究老化專家的苦口婆心，可能還比不上健康食品廣告的天花亂墜，或是親朋好友的「見證」。歸根究柢，每個人都難以抗拒內心「寧可信其有」的想法：萬一那是真的，豈不可惜？就算沒多大好處，也圖個心安。至於一些隨手可及的生活習慣改變，好比戒菸、忌口、適度運動、多吃蔬果等，不到健康出了紅燈，也不肯確實遵行。

國人一向推崇「安享天年」或「壽終正寢」的說法，至於「天年」應該是多少，某人是否真的活到了天年，則未予細究。現代人除了也想活久一點之外，更期望的大概是「老得漂亮」，不受什麼老年痴呆、半身不遂、糖尿病等毛病所苦；現代醫學的研究，也多朝這方面進展。不過可以斷言的是，就算哪天這些惱人的老年常見疾病都可以治療或控制，人還是免不了一死。就好比全身刀槍不入的阿基里斯，也有個腳後跟的弱點，凡人全身上下就更不用說了。這一點，還沒有過例外。

（2002 年 8 月號《科學人》）

現代生物科技與科學家本分

> 人是具有無限想像空間的動物，
>
> 人因為有理想而偉大；
>
> 人同時也是有個臭皮囊的生物，
>
> 生老病死是人的宿命。
>
> 無窮的想望囿於必朽之軀殼，
>
> 這是百萬年來人的悲哀。

自有文字記載以來，人類對於長生不老的渴望與追求，不絕於書；東方有海上仙山、仙草靈芝，西方有奧林帕斯、青春之泉。不過凡是生命，必將腐朽，古往今來，尚無例外。現實世界的永生既不可恃，有人則寄望於靈魂及來世，也就有各式宗教的出現。

然而 20 世紀生物醫學的發展，卻給人類帶來新的希望。由於疫苗接種、麻醉手術、磺胺藥物及抗生素等的發明，使得人類平均壽命在短短百年間增加了將近一倍，這可是人類歷史上極為可觀的大躍進，也給社會帶來新的衝擊。由於老年人口的大量增加，生物醫學面臨了更

大的挑戰：不但要讓人活得更久，還要活得健康。可惜的是科學研究與科幻小說畢竟有所差別，生物科技的進步雖然驚人，但真正能用在解決生老病死問題上的，卻仍是緩不應急。

科學研究也和算命一樣，是種「預測」的學問，只不過兩者問的問題及使用的方法有所不同。基本上科學家可以從一個人的身體資料、家族歷史、工作環境、生活習慣等資訊，與先前從廣大族群所得的數據比對，得出一個人罹患某種疾病的可能性有多大、壽命可能又有多長等。只不過這種由統計得出平均數值的可靠性，大概也不比丟骰子高明到哪裡去，當然也不會引起一般人太大的興趣。

因此之故，真正的科學家絕非大眾傳媒的嬌客，因為這些人不大會講什麼有趣好聽的話。實驗室的工作以煩瑣居多，一點小創見及發現也只有當事人自己高興及同行欣賞，難得有什麼新聞性。曾有讀者投書到《科學美國人》(Scientific American) 雜誌，指出某篇文章用了多少個「可能」及「或許」，而質疑這樣的文章怎麼能信？作者的答覆是：若是一篇談科學的文章用的都是肯定的字眼，沒有一點不確定的話，那麼讀者才應該小心。這一點正是檢驗「科學」的重要指標。

從這樣的觀點來看某些有關科學研究的新聞報導，

譬如有研究人員提出預測，專門供應器官移植使用的「無頭複製人」將於十年內問世，不免啟人疑竇。

先談「複製人」。自 1997 年第一隻「複製」羊的消息發布以來，至今幾乎所有常見的大型哺乳動物都有人複製成功，就只欠人。雖然這個問題已有廣泛討論，但一般大眾似乎並不清楚，「複製人」與「試管嬰兒」基本上是一樣的，只不過一個是藉由「無性」、另一個是以「有性」的方法讓卵於體外受精（活化），進行繁殖。因此「複製」的正式講法是「無性繁殖」（參見〈醫療複製與胚胎幹細胞〉一文）。

不管是無性複製也好、有性生殖也罷，活化的卵卻都不是在「試管內」可以長大成人的（所謂「試管嬰兒」只是指在體外受精而已），還是要借助母體的子宮懷胎兩百八十天才出得來。同時就算用了成人的體細胞複製個人出來，也永遠不會成為本尊的分身；兩者的年齡、體能、經驗、思想等等的差距，永遠都在那裡，如同父母與子女的關係。

至於「複製」的技術是否可用來生產移植用的器官，我想問題沒那麼簡單。讓動物多長出個耳朵或肢體是一回事，但要生出構造、功能完整的內臟器官，則非先有個活體不可。目前在培養皿裡要讓懷孕期僅二十一天的鼠胚發育長成個體仍不可能，何況是懷孕期長達兩百八

十天的人胎。如果說讓女性懷胎十月，只為了生個供應器官的「工具」，那是絕不可能讓人接受的做法。但「無頭」是否就能解決這個問題呢？

首先，我的問題是假想中的「無頭複製人」要長於何處？如前所述，母體當然是不能考慮，只有在體外；就算研究人員能夠克服體外培養的胚胎發育的問題，該「個體」又能長大到什麼程度，才合適移植？（就算正常的新生兒器官也都太小。）再來，且不說「無頭」是否就能逃避道德的批判，以生理的觀點，如果沒有神經系統（頭）的發生，所有身體的系統都不可能正常運作，又怎可能有健全的個體（人）及器官的發育？

20世紀的生物醫學基本上是由「機械論」所主導，也就是主張無論多麼複雜的生命現象，最終都能以物理及化學的法則描述。誠然，所有從觀察與實驗所得的結果都符合這個講法；但是，此種「化約論」的觀點走到極致，讓許多的科學家以為：對於基本組成的徹底了解，就能解釋整體的功能；顯然，這是一廂情願的想法。

生理學者常說：「整體要比部分加起來還要多」。這一點大家不要誤會，那並不是指其中有生命力的存在，而是生理學家體認到生物系統中參與運作的物理及化學過程，數量是無比的龐大；其間的互動更是多變。因此從較單純的分子及細胞層面所獲得的知識，要用在整個

生命體時，必須格外的謹慎。

　　基礎科學的研究通常不大把如何應用放在心上，同時科學家的態度一向也是「有信心的不確定」(confidently uncertain)，對什麼問題抱著總有一天可以解決的希望。但科學家究竟不是科幻作家，在公開場合絕對要「謹守本分」，不宜作過頭之「預言」，以免誤導多於教育。

(2000 年 6 月《科學月刊》)

大　麻

　　在所有合法或非法使用的濫用藥品當中，大麻的歷史大概是數一數二長遠的，其爭議性只怕也是最高的。說起來，大麻與菸草有許多相似之處，兩者的使用方式，都是以吸入乾燥葉片的燃燒煙塵為主。然而在現代社會，菸草是合法販賣的商品，大麻則是管制的藥物。抽菸的癮君子，可在自宅或允許吸菸的公共場所盡情吞雲吐霧，吸食大麻者則必須偷偷摸摸進行；如不幸被執法人員發現，雖不至於身敗名裂，也免不了要罰款坐牢。其中差別之大，不免讓人尋思：究竟是大麻得到了過於嚴苛的對待，還是菸草取得了過度的寬容？

　　早在幾千年前，人類就已曉得大麻這種植物的多重用途，菸草根本沒得比。在人造纖維出現之前，由大麻纖維製成的麻繩及麻布，是人類衣物最常用的材質之一；大麻的種籽也可以食用及榨油。因此，大麻這種一年生的草本植物，會成為古代中國的五種主要作物之一，不是沒有其道理。歌詠田園景致及生活的古詩詞裡，也留下不少大麻的蹤跡；孟浩然的「開軒面場圃，把酒話桑

麻」是其中最膾炙人口的一則。

　　大麻的藥物性質，早在《本草綱目》中就有記載，相傳三國時代的華佗即以大麻製成麻藥，在手術中使用。不過，大麻葉以及雌株未受孕的花苞當中也含有某種成分，可造成吸食者產生輕微的欣快、麻醉感以及幻覺。為了精神作用而吸食大麻的行為，主要盛行於印度及阿拉伯世界，直到 18 及 19 世紀才傳至歐洲及美洲，比起菸草來，還算是相當晚近之事。

　　所有受人青睞的植物及其製劑，無論是罌粟、菸草、咖啡豆、茶葉還是古柯葉，都含有某些作用於人體系統的化學成分，可造成興奮、麻醉，或是快樂、迷幻等感覺，大麻也不例外。造成精神作用的大麻主要成分，稱為四氫大麻酚 (delta-9-tetrahydrocannabinol, THC)，具有三個六碳環組成的結構。THC 的性質與之前的精神作用藥物（例如嗎啡、尼古丁、古柯鹼等）都不相同，屬於脂溶性而非水溶性，再加上其相關的衍生物質多達六十種之多，因此，從 19 世紀中葉起，就陸續有英國及美國的化學家著手分離純化的工作，但直到 1964 年，才由兩位以色列的化學家確定了造成大麻藥理作用的主要成分是THC。再過三年，人工合成的 THC 也得以問世。

　　曉得了 THC 是造成大麻精神作用的「元兇」之後，大麻的藥劑學及藥理學研究也才有了大幅的進展。前者

是嘗試製造具有鎮定止痛、但無精神副作用的 THC 類化合物；後者則致力於了解 THC 對人體（主要是神經系統）的作用機制。經由這兩方面的努力，THC 在腦中的作用點，也就是位於神經細胞表面的大麻素受體分子，於 1988 年得到發現，其原理與 1972 年在生物體內發現的第一個鴉片類受體，可說如出一轍。

接下來，科學家也提出與當年鴉片研究相同的推論：生物體顯然不是為了大麻才擁有大麻素受體的，其本身就應該有作用於上述受體的內生性大麻素。果不其然，內生性大麻素也於 1992 年從豬腦萃取出來，是一種不飽和脂肪酸的衍生產物，取名為安南得邁 (anandamide)。所有經過檢驗的哺乳動物（包括人）腦中，都有安南得邁的存在，同時也具有與 THC 幾乎完全相同的藥理作用；只不過注入體內的安南得邁很容易就遭到代謝分解，效用反而不如 THC 持久。

那麼，內生性的大麻素系統究竟所司何職？對於這個問題，目前還沒有理想的答案。我們只有從藥理學的研究，曉得大麻素對於身體動作、體溫、痛覺、血壓、心跳、認知，以及生殖系統等，都有抑制性的作用。通常，大麻素受體位於許多神經的末梢，得以影響許多其他神經遞質的分泌；因此，內生性大麻素系統的作用，不像一般的神經遞質系統具有較高的專一性。希冀製造

只有某些作用（例如止痛），而無其他副作用（好比身體
僵直、低血壓、幻覺等）的大麻素類化合物，還有好長
的路要走。

　　當初，17世紀英國的羅利爵士將菸草從美洲引進歐
洲時，有人笑他說：要人點燃一管菸草，並將燃燒的煙
吸進肺裡，只怕有點困難；結果可是一點問題也沒有，
原因在於抽菸會讓人上癮。研究顯示，菸裡的尼古丁，
可是要比嗎啡還容易造成上癮。那麼，吸食大麻也會讓
人上癮嗎？這個問題曾經有過許多爭論，但有越來越多
的證據顯示，吸多了大麻也是會讓人上癮的，雖然程度
不如菸草強烈。

　　其實，抽菸或抽大麻的最大問題，倒不在於吸入的
尼古丁或大麻素，而是葉片燃燒時放出的好幾千種化學
物質，其中許多都具有致癌性。還有，一般人吸食大麻，
多由三五好友傳著輪流享用，並且將大麻煙塵吸入肺部
的程度，比香菸還要來得深且久。因此，回到一開始的
問題：究竟是我們對菸草太過寬容呢，還是對大麻過於
嚴苛？想必讀者心中已有答案。

　　　　　　　　　　（2004/02/25〈中副・書海六品〉）

割　禮

以單一手術而言，大概沒有哪項手術的施行數目，能超過「包皮環割術」的。據估計，全球有五分之一的男性動過這項手術（有七億人之多）；而 1996 年美國的統計數字，有 60% 的新生兒接受了這個手術，白人小孩更高達 80%。國內似乎沒有人做過正式的統計，但隨西風東漸，以及醫界留美派居多，想必也只增不減。以韓國為例，韓戰前割包皮的比例與其他東方社會一樣低，但受了美國大兵的影響，現在韓國男人則是十個有九個割過。

許多人可能知道，包皮手術就是《舊約聖經》中所說的割禮，也是自古以來猶太人嚴格遵守的做法；而史上最早有這項做法的紀錄，來自西元前 2400 年左右的埃及金字塔浮雕。雖然古埃及人這麼做的理由已不可考，但可能與埃及人迷戀淨化的想法有關。史家相信，猶太人的這項做法來自埃及，但〈創世記〉中一段上帝與亞伯拉罕立約的敘述，卻使得所有猶太裔的後世子孫，都逃不了這項手術。該段經文是：

你們世世代代的男子，無論是家裡生的，是在你後裔
之外用銀子從外人買的，生下來第八日，都要受割
禮。……不受割禮的男子，必從民中剪除，因他背了
我的約。

以是否行過割禮，來分辨族類的做法，有點類似幫
派成員在身上作記號的味道，其鞏固種族向心力的因素
絕對大過醫學的理由。尤其是這項手術幾千年來，以原
始器械在未消毒及無麻醉藥的情況下操作，伴隨多少孩
童的淒厲哭聲（更不要說手術後的發炎感染，甚至死亡），
仍未稍有止歇，可見宗教力量之強大，比起裹小腳的中
國惡習來，亦不遑多讓。

當然，在講究科學根據的現代醫學興起之後，包皮
手術還能在醫界屹立不搖，絕不可能是靠著傳統或宗教
的理由。一般而言，支持者認為該手術能治療包莖、降
低陰莖癌與性病（晚近還加上愛滋病）的罹患率，以及
避免配偶產生子宮頸癌。如果這些宣稱屬實，那麼這項
小手術可是預防性手術的最佳範例（好比有人怕得乳癌
而先行割除乳房），只不過實情並非如此。

所謂包莖，也就是包皮過長，無法露出龜頭。事實
上，新生兒包皮與龜頭不完全分離的現象很常見，許多
人要等到青春期前後，才會完全分離。1996年，日本秋

田市藤原醫院曾針對六百多名孩童做過調查研究，亦得出相同結論，並希望能降低日本日益增多的包皮手術。因此，以包莖為理由給新生兒動手術，絕對說不過去；加強青春期少男的性教育以及個人衛生教育，才是更實際的。

　　至於包皮手術能避免陰莖癌的說法，也不如是確定。一方面，陰莖癌是相當罕見的癌症，已開發國家的發病率是每 10 萬人當中有 0.3-1.1 人，開發中國家則是 3-7 人。然而，以包皮手術施行率不到 1% 的芬蘭為例，其陰莖癌的發病率每 10 萬人也只有 0.5 人；至於有 1.6% 手術率的丹麥，陰莖癌的發病率自二次大戰後就逐年下降，如今已低過美國。因此，個人衛生與陰莖癌的關聯，絕對大過包皮手術；同理也適用於先生割包皮與否與妻子罹患子宮頸癌的相關說法。以美國及德國相比，雖然包皮手術的比例相差懸殊，但女性子宮頸癌的發病率卻相近；很顯然，女性的子宮頸癌與包皮手術並無直接相關，而與開始發生性行為的年齡、性伴侶的數目及個人衛生等關聯較大。

　　還有包皮手術能防止各種性病的迷思，也經不起嚴格的檢驗。在已開發國家中，美國具有最高的各種性病罹患率（包括披衣菌、愛滋病、梅毒、淋病、疱疹等）。以淋病為例，瑞典及加拿大分別是 10 萬人當中有 3 及

18 人，美國則高達 150 人，顯示開放的性教育與安全的性行為，比起包皮手術來是更有效的防治性病之道。1992年，社會學家勞曼 (E. O. Laumann) 根據美國國家衛生及社會調查的資料，避免了之前取樣未考慮社會經濟地位的偏差，也得出包皮手術不但沒有保護作用，反而還有增加罹患某些性病的結果。

　　另一個支持包皮手術的說法，是認為包皮屬於退化的痕跡器官，割除無妨。然而針對包皮構造的解剖研究，卻顯示包皮是完整性器官的一部分，不單具有保護及潤滑龜頭的作用，上頭還擁有極為豐富的神經末梢分布，對輕微的碰觸（以及疼痛）十分敏感，甚至勝過龜頭。尤其是位於包皮內層的皮膚與外層不同，而與嘴唇、陰道及食道的光滑、溼潤皮層相近。當陰莖勃起時，往後退縮的包皮不但提供了覆蓋增大陰莖所需的皮膚，同時還因露出內層，而增加了接受刺激的性感帶。根據一位醫生的說法，以割除包皮的陰莖做愛，等於是以色盲觀賞印象派大師雷諾的畫作，喪失了絕大部分的快感。

　　對尊崇希波克拉底誓言：「首要之道，不傷害病人」的西醫來說，會支持新生兒包皮手術，絕對是可驚可怪之事。如今，已沒有哪個國家級的醫學會贊成這項手術，但把決定權留給父母。不幸的是，絕大多數的美國女性，卻為了主觀的美感及擔心小孩與眾不同，而毫不猶疑地

答應醫生動這項手術（醫生也樂得有數百美元的進帳）。但同樣一批女性，對於非洲某些部落仍保留割除少女陰唇的陋俗，卻可能憤慨不已，而大聲疾呼；兩相對照，豈不諷刺？

（2004/05/19〈中副・書海六品〉）

假作真時真亦假

　　信心足以治病，是幾萬年來許多人類社會奉行不渝的信條之一，所謂「心誠則靈」是也。古代多少為人解決疑難雜症的巫醫郎中，靠的就是病人對其堅定不移的信念；宗教信仰裡也不乏治病的神蹟，如神靈親現及附體，或以香灰符水為媒介等。只要病人不疑不慮，將一切交付全能者的手中，病情就有可能好轉。至於打著「另類」旗幟的各式傳統醫學，更是強調各種精神及信心的力量。問題是：信心對治病真的有用嗎？如果答案是肯定的，那又是怎麼辦到的？

　　西方的正統醫學起源於兩千五百多年前的古希臘，其間雖然有過將近一千五百年的黑暗期，但其中心思想卻是一路保存下來，那就是實證主義。無論實體解剖抑或實驗以驗實，都是這種精神的表現。近兩三百年來，更由於物理化學的進展，以及科學儀器的發明，人類的心眼已擴展到之前無法想像的細微程度，現代醫學也進入了分子的層面。無論是人體正常的生理運作，還是疾病的成因與發展，生物醫學專家都有一套解釋的機制，

然而，對於信心如何影響病情這一點，多年來卻還沒有共識。

這個問題最簡單的解釋，是人體擁有自癒的功能。生物體除了能自行修補受損的部位外，還具有由免疫系統所引發的抵抗力，因此導致多數疾病的發病過程受到了限制，甚至於無藥而癒。許多尋求民俗療法或正統醫療的病人，其病情常已過了最壞的階段，因此在求醫後（甚至在抵達診療場所後不久）就一路好轉，以至於痊癒。然而，這並不能解釋所有的情況。

前人曾將疾病 (disease) 與生病 (illness) 做了某種區分，前者是客觀的現實，好比發燒、血壓高、潰瘍、血球數目變化等可觀察及檢驗的症狀，後者則是病人主觀的感受，譬如疲倦、力乏、暈眩、疼痛等主訴症狀。兩者雖息息相關，但可以彼此獨立；像許多罹患惡疾的人本身並無所覺，而成天抱怨身體上下都不對勁的人，卻可能根本檢查不出什麼毛病來。因此，對於信心治病的另一種解釋，就是說那可以有效地對付生病的感覺，但對於疾病本身並沒有影響。

對於上述論點，也有許多的反證，其中最主要的一項，就是所謂的「安慰劑效應」。當醫生並不清楚某位病人的疾病或是對治療束手無策時，常會開些無關緊要的藥物（如維他命片、葡萄糖生理鹽水）給病人服用或注

射，以求其心安，這種藥劑就稱為「安慰劑」(placebo)，原文是拉丁文，有「我將安慰」之意。所謂「心病要用心藥醫」，安慰劑能消除病人許多主觀的症狀，並無足為奇，然而，安慰劑卻經常有出人意表的功效，甚至改變了疾病的自然走向，這就不能單純以病人主觀的心理感受來解釋了。

正式將安慰劑效應一詞納入醫學文獻的，是 1955 年的畢闕 (Henry K. Beecher)，他回顧了十五個臨床試驗的結果，發現每三位病人當中就有一位對安慰劑有所反應。由於當時對安慰劑的實質效應並沒有合理的解釋，因此正反兩方的對立多年來也得不到化解；一直要到神經內分泌、精神神經免疫等學門有長足進展，心身之間可以有所互動的事實得到醫界承認之後，安慰劑效應才不再那麼神祕難解。

人體的感覺與運動，屬於神經系統的執掌；此外，人體還有另一個以分泌激素來調控全身的內分泌系統，與神經系統相輔相成。神經系統可以控制內分泌激素的合成與分泌，內分泌激素又可以回頭來影響神經系統的運作，這個神經內分泌學的理論，也在 1950 年代提出。經由這樣的系統，主觀的心理感受，可經由神經以及內分泌腺體的作用，對全身造成影響。其中尤以大腦的下視丘經由控制腦下腺，再影響腎上腺皮質的這條軸線，

促成了許多安慰劑的效應，包括對免疫系統的影響在內。

此外，1970 年代發現的內生性鴉片類系統，也提供了安慰劑止痛作用的解釋機制：病人經由安慰劑的暗示，可活化內在的止痛系統；如事先給予鴉片類製劑的拮抗劑，則可阻斷安慰劑的止痛作用。近年來，由於非侵入式腦部顯影技術的進展，更近一步發現安慰劑的使用確實能造成某些腦區的活化，對於止痛，甚至對帕金森氏症患者腦中多巴胺的分泌，都有所影響。

雖然安慰劑的心理作用得到了某些生理機制的證實，但安慰劑卻不是萬靈丹，除了可能加強身體的自癒功能外，安慰劑的治標效果多於治本。醫生可以善用安慰劑效應（甚至受病人信賴的醫生，本身就是極為有效的安慰劑），加強病人的自癒能力，但也必須曉得其侷限，以免引發病人過多不實之希望，到頭來蒙受更大的失望。

（2004/03/17〈中副·書海六品〉）

貢獻於宇宙之精神

　　很多人都知道，美國紐約市有個洛克斐勒中心 (Rockefeller Center)。這個建於 1930 年代的裝飾派藝術 (art deco) 建築群，除了有國家廣播公司 (NBC)、無線電城音樂廳 (Radio City Music Hall) 以及林立的商店外，最出名的當屬每年冬季由中心廣場改成的室外溜冰場，以及 12 月間矗立在廣場的巨型聖誕樹了。然而，曉得紐約市還有個洛克斐勒大學 (Rockefeller University，下稱洛大) 的人，只怕就不多了。

　　從名稱上來看，洛大與 19-20 世紀美國石油工業鉅子洛克斐勒 (John D. Rockefeller, 1839-1937) 脫不了關係，事實也是如此。洛克斐勒是美國史上第一位億萬富翁及慈善家，集野心與善意於一身。他的宗教信仰賦予他一股使命感，認為上帝讓他致富是為了全人類的好處；他有句名言:「我相信,盡一己之力賺有義之財並施捨所餘,是每個人信仰的義務。」1890 年，洛克斐勒在親信顧問蓋茲牧師 (Frederick Gates) 鼓勵下，捐了 60 萬美金作為頭款，並要求其他人士籌措 40 萬的配合款，而成立了芝加

哥大學。他於芝大成立的頭二十年間，一共捐贈了 3500
萬美元，成就了一所世界級大學。

至於會有以洛克斐勒為名的洛大成立，部分也是蓋
茲牧師的功勞。蓋茲讀了出名的醫學教育家歐斯勒
(William Osler, 1848-1919) 撰寫的《醫學原理與實踐》(*Principles and Practice of Medicine*, 1892) 一書，對於當時醫生
治病能耐之有限，深感震驚，因此積極鼓吹醫學研究；
再者，洛克斐勒的孫子不幸於 1901 年死於猩紅熱。就這
樣，美國第一所專注於生物醫學研究的機構，洛克斐勒
醫學研究院 (Rockefeller Institute for Medical Research)，於同
年成立了；其使命是：「以科學方法了解疾病的性質與成
因，並發展治療之道。」

該院成立之初並無定址，自 1906 年起，才在紐約曼
哈頓富裕的上東區，約克大道與東河之間縱長五條街的
一塊農場土地上，建立起一棟棟實驗大樓來。百年來，
該院規模不斷擴增，並自 1955 年起招收博士班學生，
1965 年正式改名大學；然而，除了增建了幾棟高聳的大
樓外，當初經名家設計的美麗優雅校園，絲毫未受影響。

由於洛大前身是純研究機構，因此組織與一般大學
大不相同：以教授主持的研究室為基本單位（目前有七
十五個），而不分任何系所（少了許多「長」字輩人物）。
每個研究室以研究主題為名，規模大小全看主持者研究

計畫多寡與學術聲望高低而定。洛大只負責教授及少數人員的薪水，其餘人等都得由研究計畫的經費供養，但成員多達數十人的研究室在洛大比比皆是，不下於一般大學的系所。由於同一研究室成員的研究興趣與方向大致相同，彼此可截長補短，比起一般大學系所成員的研究興趣可能南轅北轍的情形來，更有助於研究的進展。

　　洛大出色的研究成果，由其教授群當中，擁有數目驚人的諾貝爾獎、拉斯克獎得主以及國家科學院院士，可見一斑。洛大成功的因素，除了以重金禮聘研究出色的教授外，其一流的周邊支援，更是少見；只要是為了研究所需，在洛大幾乎沒有什麼事是做不到的，繁縟的官樣文章則減至最少。全校似乎就是為了一個目標而存在：提供一流的研究環境，做出一流的實驗成果。

　　洛大除了對教授極為禮遇外，對博士生的照顧也無以復加，會讓許多他校學生羨慕。洛大的研究生在學時都領有學校的全額獎學金，外加研究費，因此可自由選擇實驗室，不必為生活而折腰。同時，校區內有兩棟研究生宿舍，保證每位學生都有棲身之所，這在寸土寸金的曼哈頓東區是非常難得的；學生宿舍甚至還有像旅館一樣的房間清掃服務。當然，洛大對研究生也是精挑細選，每年只收二十名左右學生；因此，自 1959 年至今，不過畢業了八百名博士生。

由於洛大成立的任務，是針對困擾人類的疾病，因此早在 1910 年，洛大就在院區內建立了一座專供研究的小型醫院，讓一批臨床研究人員針對特定疾病，選擇病人進住，做長期的觀察與治療。這是全美第一所結合臨床與基礎研究的醫院，成為後來許多機構模仿的對象。像是針對人類新陳代謝、進食與肥胖的研究，就是在洛大醫院進行的，也促使了瘦身素基因的發現（參閱本書〈小時胖不是胖〉、〈眾裡尋它千百度〉及〈瘦身素〉等文）。

筆者與洛大也有些淵源。當年申請赴美深造，洛大就是我的第一志願，可惜只得到備取的通知。五年後，筆者於他校取得博士學位，才如願以償前往洛大進行博士後研究。巧的是，初抵洛大等候宿舍分配時，經朋友介紹暫住一位研究生的宿舍，正是五年前來自臺灣的正取生。筆者在洛大待的時間不長，就應聘返臺任教，但那卻是個人研究生涯中最值得回味的一段日子，無論研究及生活上，都充滿了美好的回憶。

（2003/11/12〈中副·書海六品〉）

科學家與信仰

1999 年 9 月號的《科學美國人》(*Scientific American*) 雜誌上有篇很有意思的文章，題目是〈美國的科學家與信仰〉。該篇文章的兩位作者拉森 (Edward J. Larson) 和威森姆 (Larry Witham) 在 1996–1998 年間，兩度以《美國科學家名人錄》(*American Men and Women of Science*) 所收錄的生物及物理學家為資料庫（後者也包括數學家），發出一份問卷，其中有兩個問題，分別是：一、你相信一位在理性與感性上能與人溝通、並且對人的祈禱回應的上帝嗎? 二、你相信人的不朽嗎? 答案有是、否、及不知道（或不可知）三種。事實上這項問卷調查是重複九十多年前 (1914) 魯巴 (James H. Leuba) 曾經做過的工作，不論調查的對象及問卷的問題都維持一樣。其目的是想知道，隨著 20 世紀科學的進展，科學家對於信仰的態度是否有所改變。

八十年前的《美國科學家名人錄》中，在某些科學家的名字旁，還特別打上星號，註明是「較傑出的科學家」(greater scientist)。因此，該次的調查也特別將這些人

士的問卷挑出，將其統計結果與所有列名科學家的作一比較。但近年的該名人錄已沒有這項特別的區分，所以拉森和威森姆另外以美國國家科學院的院士為對象，作了同樣的問卷調查，以便與當年的「較傑出」科學家作一對照比較。

該問卷的結果發現，現代的科學家與其八十年前的祖父輩相比，對信仰的觀念並沒有什麼不同：兩次的問卷各約有 40% 的科學家，相信一位人性化上帝的存在；另外八十年前的科學家中，有 50% 的人相信有來世，這個數字在現代科學家則降為 40%。反之，八十年前所謂的「較傑出」科學家，只有不到三分之一的人對這兩個問題持肯定的答覆；而現代美國科學院的院士中，該人數則不到 10%（也就是有超過 90% 的人持無神論的主張）。

這樣的結果反映了兩個有趣的事實：第一，不少科學家是有信仰的，同時其比例並不因為科學的進展而有所改變；第二，研究成果越出色的科學家，不信上帝的比例越高。

關於科學家也有信仰這一點，常有不少的傳教士抬出某某科學家也信上帝、或是以其本身就具有科學家的身分，作為佐證，來說服大眾；但由前後相隔八十年的調查報告顯示，那樣的論點是站不住腳的。因為反對者

同樣也可以說，超過一半以上的科學家是不信上帝的。一個人不管學科學與否，在對信仰的需求上，似乎都差不多；該文作者提到科學家具有信仰的比例數字，與蓋洛普對一般民眾的調查數字相比，確是相近的。

但以「較傑出」科學家及科學院院士的結果來看，似乎又顯示了科學家中的少數菁英分子，對信仰的觀點上，較趨一致。這是不是說這些人由於在科學上有較大的成就，導致其有更深刻的體驗，所以不再相信上帝的存在？該文作者提出的一個解釋，是說在美國國家科學院院士的層級，還是有聲氣相投及同儕壓力的情形；那也就是說到了那個層級的科學家，可能會不願意承認自己有信仰。這層顧慮或許存在，但未免低估了科學家的自主性。從 1954 年起就是院士的哈佛大學教授麥爾（Ernst Mayre），曾對同是院士的哈佛同事作過調查，發現他們都是無神論者。造成他們不信的理由主要有兩點，其一是：「我就是無法相信那些超自然的講法」，另一是：「我不能相信在這充斥邪惡的世上，會有上帝的存在」。

對於這項調查的結果，牛津大學的化學家艾特金斯（Peter Atkins）說：「你當然可以說你是具有信仰的科學家，但以科學家這個名詞的終極定義來說，我不認為你是真正的科學家，因為科學與信仰是完全相異的兩個知識範疇。」同樣地，英國的動物學家道金斯（Richard Dawkins）也

認為：「一位在週一到週五從事科學工作，但到了週日上教堂的人，是活在矛盾當中，且不忠於其理智。」

　　該項調查另有一項有意思的發現，是生物學的院士有最高的比例持無神論 (95%)，而學數學的院士信上帝的比例最高 (16%)。英國生物學家渥伯特 (Lewis Wolpert) 針對此項結果有以下的評論：「現代的生物學家確實相信，進到了 DNA 的層次，我們就能對事情有所了解。而物理學家在面對量子力學及大霹靂的世界，其中的不合常理及可驚可怪，幾乎喪失了可以了解的觀念。」因此對物理學家來說，可能就有上帝存在的空間。至於數學家可以是非常柏拉圖式的，他們對於人腦所構思出來的數學之美，就好像看到了有位超凡的智者，所建立的秩序一般。

　　對也是美國國家科學院院士的演化生物學家艾德懷斯 (John C. Advise) 來說，「只有天擇接近於全能者，但其中並沒有智慧、前瞻、終極目的、或道德可言。天擇只是一項不帶道德判斷的力量，就像萬有引力一樣，不可避免，也毫無徇私。」他引用另一位學者普洛凡 (William Provine) 的話：「現今對於演化的了解，顯示生命的終極意義是不存在的。」

　　曾當過修女而又還俗的神學家阿姆斯壯 (Karen Armstrong) 在其《神的歷史》(The History of God) 一書中，提

出人是具有靈性 (spiritual) 的動物。人有信仰的需求，就算沒有神的存在，人也會創造出祂的存在。因此人在面對生老病死，以及人世間種種莫可奈何之事發生時，很難不想找個信仰以為避風港。人類學家卡特密爾 (Matt Cartmill) 說：「科學家願意去相信，這世上就只有他們所研究的自然世界的存在，而科學是其信念的基礎。雖然那是可敬的信念，但卻不是研究的結果。」誠然，科學不能證明上帝的存在，但也不能證明上帝的不存在；信仰本就是非常個人的內心活動。學科學的人當然可以有信仰，但他卻不能假藉科學的名義，宣稱其信仰的可信度。同樣地，對於怪力亂神的迷信思想，學科學的人更要拿出真知明辨的精神，加以駁斥批判，方不辜負所學。

(1999 年 10 月號《科學月刊》)

醫生迷思

　　醫生這個行業，一向讓人心羨。幾十年來，國內公私立大學的醫學系一直都是聯考的頭幾個志願，有人一考再考，非醫不讀；有人大學四年畢了業，又重新考入醫學系，再唸上七年。至於國外也不乏取得博士學位後，再申請進入醫學院就讀者。凡此種種現象，除了顯示醫生一職尊貴高尚外，應該還有些其他的理由。

　　凡是人，都逃不了生老病死這四大關口，也在在與醫生脫不了干係。所謂好漢也怕病來磨，凡夫俗子就更不用說，一旦身子有個不適，不但希望醫生妙手回春，藥到病除，甚至奢望醫者有起死回生之能。歐美有將醫生比為「扮演上帝」的說法，不是沒有道理。曾聽人言，每個家庭都應該找個信得過的醫生朋友，一家大小有個病痛時，可以就近請教。至於自家人裡頭出了個醫生，更是讓人羨慕；理由無他，圖個看病的方便與安心而已。

　　醫生這個職業固然高貴實用，但也辛苦累人，不但養成教育時間特長，真正工作起來，體力及精神的負荷，不是一般人所能想像；說醫生是高尚的服務業，並不為

過。病人花錢來看醫生，當然希望得到正確的診斷與有效的治療；但一般人有所不知，人之一生所碰上的大小病痛，有 75% 是自己會痊癒的 (self-limiting)，看醫生及服藥只是讓人安心罷了（重要性卻不可輕忽）。至於另外 25% 非看醫生不可的毛病，有許多也只能治標，無法根治。不到五十年以前，哈佛醫學院院長給剛入學的新生講話，在黑板上寫下 26 這個數字；說是當時的醫生在數以千計的已知疾病當中，能夠有效治療的數目就只有那麼多，其餘的只能靠猜的。幾十年後的今天，該數字當然有大幅的上升，但可以想見離理想值還差得遠。

因此，身為「凡人」的醫生，成天面臨的是人生終極的問題，有多少人能一路走來，始終維持「視病猶親」的仁者風範？當現有醫學的知識，不能給病人有效的幫助時，醫師該如何自處？以美國的統計數字來看，醫生的自殺率是全國平均值的八倍，染上藥癮的比例則高達一百倍，因此許多醫者本身也是有待治療的病人，其承受壓力之大，只怕超出一般人的想像。從這個角度來看國內醫生一般對待病人的冷漠態度，除了民族性使然外，未嘗不是種自我保護的方式。

近日報載國內各大醫學院應屆畢業生選擇住院醫師分科的排行榜，一些所謂的小科，如皮膚、精神、麻醉、病理等，都凌駕外科、婦產科等傳統大科之上。所謂風

水輪流轉，以物質享受掛帥的臺灣新一代來說，「錢多事少離家近」的順口溜，醫生又豈能免疫？我們固然不能要求醫生個個都是史懷哲（雖然史氏去世已三十六年，新新人類不見得都曉得或認同其人其事，不過談起偶像來，還是少不了史大夫），但怎麼樣在醫學教育中少強調些智育，多培養點對醫學真正的興趣及歷史感，應該是可以做到的。只是這分理想不能只限於學校，還需要醫療大環境的配合。

近年國內出版了幾本醫者自道的創作及翻譯書籍，談的都是醫病關係。分別是和信治癌中心院長黃達夫的《用心聆聽》（天下文化），前慈濟醫學院副院長賴其萬的《當醫生遇見 Siki》（張老師文化），以及哈佛榮譽教授羅恩 (Bernard Lown) 的《搶救心跳》（*The Lost Art of Healing*，天下文化）。這三本書的作者不約而同都提到作個好醫生，最重要的是專心聆聽病人的心聲，關心病人的感受；就算醫生對於病人的病情使不上力，仍然能贏得病人的感激。反過來，醫生少一點高高在上的心態，病人會發現醫生也是人，也需要鼓勵與關懷。只有醫病雙方都有一份相互的關心（就是賴醫師的書名印地安語 Siki 的意思），醫病關係才可能成為愉快及有益的經驗。

弔詭的是，黃、賴兩位醫師雖然早年都是臺大醫科的高材生，但真正的行醫訓練及經驗卻是在美國完成；

他倆在去國二十幾年後，分別回到國內服務，對於國內三分鐘看病的醫療文化，自然是頗有微詞，而發文針砭。可惜他倆到底不是臺灣醫界主流，國內的看病文化當然不是幾篇文章可以改變。所幸他們相當受到醫學院學生的尊敬，常受邀演講。教育是紮根的工作，雖然當下不一定看得到結果，希望總是在那裡的。

（2001/07/11〈中副・書海六品〉）

醫者畫像

　　前文提到一般人對於醫生這個行業的迷思，以及國內醫學系畢業生選擇專科的潮流變化，其中除了顯示國內習醫的一流人才未能免俗，認為醫生是尊貴賺錢的行業外，同時也看出許多醫學生似乎沒有從醫學這個領域獲得真正的滿足。最近國內出版了兩本醫生的傳記：《暫時停止心跳》（天下生活）及《佛克曼醫師的戰爭》（天下文化），其中有不少異同點，對照著閱讀，可看出不少趣味來，同時也可作為國內醫生的借鏡。

　　這兩本書的傳主都成長於美國的中西部：里拉海 (C. Walton Lillehei, 1918-1999) 是北歐移民的第二代，佛克曼 (Moses J. Folkman, 1933-) 則是中歐的猶太裔之後。里拉海無論求學及工作一直沒離開過明尼蘇達大學的醫學院，直到 49 歲功成名就後，才跳槽至紐約市的康乃爾醫學中心；佛克曼則從俄亥俄州立大學畢業後就進入哈佛醫學院（該州立大學第一人），之後一直待在哈佛的醫學院系統。他二人都從外科起步，也以手術精湛出名。日後里拉海以開心手術第一人聞名於世，佛克曼則於 34 歲

之齡，破例出任波士頓兒童醫院的小兒外科主任，但讓他成名的卻是癌症的血管新生理論。他倆都傳出得諾貝爾生理或醫學獎的呼聲，但里拉海已永遠失去機會，佛克曼還在等待中。

里拉海及佛克曼都曾遇上良師的帶領與提拔，才能夠盡情發揮所長：里拉海的恩師是明尼蘇達大學醫學院外科主任文根斯坦 (Owen H. Wangensteen)，佛克曼的則是波士頓兒童醫院的小兒外科主任葛羅斯 (Robert Gross)。有趣的是里拉海於剛起步時，也曾拜訪過葛羅斯的實驗室，因為葛羅斯是小兒心臟手術的先驅；但日後里拉海在開心手術的成就超越了葛羅斯。

以今日開心手術的普遍及成功率之高，一般人實難想像不到五十年前，給心臟動手術還在嘗試錯誤階段，成功率幾乎是零。絕大多數的外科醫師都視開心手術為畏途，但還是有少數幾位如里拉海之流，無視失敗的打擊，一再嘗試新的解決之道。其中包括降低體溫減少組織的代謝率，以延長腦組織缺氧時間，爭取多幾分鐘的手術時間；使用離體的動物肺臟，作為病人血液換氣之用等。在發明堪用的人工心肺機之前，里拉海還用上「交互循環法」，將開心病人的血液循環與另一位健康人（通常是血型相符的親人）的相連在一起，而取得最早開心手術的成功。後來，里拉海不但與同事狄沃 (Richard De-

Wall) 研發出氣泡充氧機，更與技師貝肯 (Earl Bakken) 發明了可攜式的人工節律器。貝肯當年的小公司「醫療電子」(Medtronic) 目前已是人工節律器的主要生產者之一。有趣的是，佛克曼在人工節律器的早期研發上也有貢獻，那是他醫學院畢業論文的主題。

里拉海的成功除了具有堅強的意志外，還取決於他不斷地在實驗室試驗新方法。任何實驗性手術用在病人身上之前，都要經過無數次動物實驗的驗證，而狗是外科醫生最常用來「試刀」的動物，心臟手術尤其如此。雖說在實驗動物身上謀求手術技藝的精進，難以稱得上高深研究，但外科醫生少了這樣的機會，也就難以進步。醫生先在動物身上練習，比起直接拿病人試刀，絕對人道得多；動物實驗的重要性自是不可小覷。

至於佛克曼是在服役期間，偶然觀察到腫瘤細胞在體外與體內的生長有別，而提出理論，認為腫瘤細胞要能無限制繁殖，必須刺激血管新生，以供應養分及排除廢物。雖然佛克曼一再觀察到該現象，但要證明確實有刺激血管新生的因子存在，則非易事，必須進入生理生化的純研究領域。在兼顧手術房及研究室好些年之後，佛克曼終於被迫作一抉擇；他選擇放棄擔任了十四年的外科主任一職，而專注於研究。他的選擇終究也得到回報，不但在刺激血管新生的因子上有所發現，同時還找

著了一些抑制新血管增生的因子。前者在心臟或四肢血管阻塞病人身上的應用，前景可期，後者在惡性腫瘤的治療上，更是讓人期待。

　　里拉海及佛克曼兩位不但是仁心仁術的好醫生，更是醫生從事研究的範例：里拉海走的是純粹的臨床研究，成果可直接應用在病人身上；佛克曼則走向基礎研究，路途較為迂迴遙遠。經常有人問及醫生該不該從事研究的問題，個人以為值此醫學及科技日新月異的時代，醫生就算未能從事第一線的研究工作，但在本科專業的進修及再教育，以尋求未知問題的答案，絕對是維持工作熱忱的不二法寶。

（2001/08/01〈中副・書海六品〉）

最年輕的科學

2001 年是大專聯考的最後一年，也就是說每年只考一回的聯考，改成了多次舉行的學力測驗。雖然一試定江山的入學考試已畫下休止符，但莘莘學子的升學之路，倒不見得變得更為順暢；對於以考試掛帥的學習情況，只怕改善有限。

聯考制度之所以存在，無非是「公平」二字；但聯考最讓人詬病的，則是製造了一批批的考試機器，為了考試而學習，缺乏廣泛閱讀的經驗及獨立思考的能力。同時常出現所學與性向志趣不合，以及為了準備聯考，焚膏繼晷、用盡力氣，造成許多進入大學就讀的新鮮人，出現學習倦怠的情形；這些都是聯考制度必須改弦更張的理由。

大學入學朝多元化改進，業已行之有年，新制只不過在「推薦甄試」以外，多加一項「申請入學」而已；至於原有的「考試分發」（無論是改成學力測驗或是指定科目考試），仍佔了絕大多數。以筆者關心的醫學系來說，按考試成績分發的比例，仍佔各校入學名額的 70%，甚

至 100%（後者包括中國、長庚、國防等校）；有的學校（成大、高醫、中山、慈濟）也仍維持 15 至 20% 的推甄名額，不開放自行申請。因此之故，新入學方案的改變實屬有限。

由於醫生是個特殊的行業，享有許多的「福氣」（privilege，借用羅慧夫醫師的翻譯），同時也負有特殊的責任，因此入學資格該有更多的考量，不應全以成績掛帥。臺灣受到日據時代遺留的影響，加上大專聯考的推波助瀾，醫學系一直吸引了全臺一流頭腦的學子就讀；只不過聰明是否構成「好」醫生的充分條件，值得懷疑。究其原因，出自醫學及人類本質的複雜，不像一般自然科學及人造機器的客觀與單純。

美國著名的醫學散文作家路易斯‧湯瑪士醫師 (Lewis Thomas, 1913–1993) 寫過一本自傳，名為：《最稚齡的科學》(*The Youngest Science: Notes of a Medicine Watcher*, 1983)（天下文化，2002 年），其書名貼切地點出醫學的本質：那還是一門「稚嫩」的科學。

湯瑪士的父親也是位醫生，從 5 歲起，湯瑪士就常跟著父親乘馬車出診，因此親眼目睹了醫學在 20 世紀裡的發展。湯瑪士對父親行醫方式的敘述，有許多對新一代的醫生來說可能前所未聞：像是一天在家中診所看兩批門診病人（下午及晚上各一小時，每次十個病人）；門

診結束後，到病人家裡出診；早上則在附近醫院巡房及動手術；深夜清晨時分經常被急病、生產或病危的電話吵醒，匆匆出門；尤有甚者，病人常積欠醫療費，讓湯瑪士的母親不時要為家用操心。1937 年湯瑪士幫著編畢業紀念冊時，曾對畢業十、二十及三十年的哈佛醫學院校友發出問卷調查；從回覆中得到一致的意見是：醫生是個工時長、假期短、沒有休息，且賺不了大錢的行業。

湯瑪士也指出他父親那一代的醫學，對抗疾病的能力極為有限，多數時候醫生得出正確的診斷後，就只有等待病症的自然發展；因為只有極少數疾病，像狂犬病，才會造成全數的病患死亡。當時醫生所調配的幾十種「祕方」，充其量只有安慰劑的效用；直至 20 世紀初，祕方中的主要有效成分都是嗎啡。而 1930 年代湯瑪士自己當醫學生時，醫院裡對付長期抱怨但病因不知的病人，最常用的萬用藥是少量溶在波本酒裡的鐵、奎寧及番木鱉鹼。這與小時候家裡有人生病發燒，父親就從藥房買點 APC（即阿斯匹靈、乙醯氧乙苯胺、咖啡因）給我們吃，有異曲同工之妙。

湯瑪士是個早慧的高中生，15 歲就進了普林斯頓大學，但他在大四以前都渾噩度過，成績落在中段之後。按今日的標準，他可能什麼醫學院也進不了，但他卻上了哈佛。湯瑪士自謙是在面試時，得到某位哈佛教授之

助（他父母的老友）；不論如何，要不是美國醫學院的面試制度，醫學界也就少了一位影響久遠的人物。

　　筆者也擔任過一回學校醫學系的推甄面試委員，經驗不是很好；主因是十幾個委員（多是臨床各科主任）的著重點各不相同，又沒有適宜的方法察知學生的性向，到頭來像是口才競賽的選拔。我想這或許也是各校不敢貿然增加推甄及申請入學的名額，而寧以考試成績決定的理由。但個人以為各醫學院校應該針對入學問題進行深入研究，並吸收國外醫學院入學審查及面試的經驗。只有在逐步建立良好的制度與方法之後，才會有更多的學校願意增加推甄及申請入學的名額，也才真正實現了廢除聯考的理想。

（2001/09/05〈中副〉）

名詞索引

人名索引

【文學 001】

文學公民

郭強生 著

這本書是作者自美返臺這些年，作為一個文學人如何在動靜之間取得平衡，在理想與實務中學習的最真實的紀錄。如果閱讀這本書也能勾起你一種欲望，想回去一個你已經離開的地方，那就是這本書在「做些甚麼」了。

【文學 002】

極限情況

鄭寶娟 著

揮別抒情時代，生命的戲謔、無奈，令人啞然失笑或不見容於世俗的故事，鄭寶娟一一挑戰，不同於以往風味。無論是惡疾、死亡、謀殺、背叛，涉獵的主題或重大或繁瑣，思想視域總是逸出主流意識形態，提供對人生瑣事和尋常生活圖景的全新審視角度。

【文學 003】

鏡中爹

張至璋 著

五十年前的上海碼頭，本書作者的父親與他揮別；五十年後他從澳洲到江南尋父。一張舊照片是他的鏡中爹，一則尋人廣告燃起無窮希望，一通國際電話如同春雷乍驚，一封撕破的信透露幾許私密，五本手跡冊子蘊藏多少玄機。三線佈局，天南地北搜索一名老頭，卻追溯出兩岸五十年離亂史。

【文學 004】

你道別了嗎？

林黛嫚 著

你知道每一次道別都很珍貴，你無法向那些不告而別的人索一句再見，但是，你可以常常問問自己，你道別了嗎？作者在這本散文集中，除了以文字見證生活經驗之外，更企圖透過人稱轉換造成距離感，以及小說化的敘事筆調呈現散文的瀟灑文氣。

國家圖書館出版品預行編目資料

生活無處不科學／潘震澤著.－－初版一刷.－－
臺北市：三民，2005
　　面；　　公分.－－(世紀文庫.科普001)

ISBN 957－14－4295－X　　(平裝)

1.科學－通俗作品

307　　　　　　　　　　　　　　　　94007707

網路書店位址　http：//www.sanmin.com.tw

© 生活無處不科學

著作人　潘震澤
發行人　劉振強
發行所　三民書局股份有限公司
　　　　地址／臺北市復興北路386號
　　　　電話／(02)25006600
　　　　郵撥／0009998－5
印刷所　三民書局股份有限公司
門市部　復北店／臺北市復興北路386號
　　　　重南店／臺北市重慶南路一段61號
初版一刷　2005年5月
編　號　S 300120
基本定價　參元肆角
行政院新聞局登記證局版臺業字第〇二〇〇號

ISBN　957－14－4295－X　　(平裝)